匠心筑境

JIANG XIN ZHU JING

王薇　主编

1958 / 2020

安徽建筑大学
ANHUI JIANZHU UNIVERSITY

建筑与规划学院
JIANZHU YU GUIHUA XUEYUAN

学生 教师 校友

优秀作品选集
YOUXIU ZUOPIN XUANJI

南京·东南大学出版社

序言

　　全国高校院系调整后，国务院决定将合肥工业大学建筑学专业整体调入安徽建筑工业学院，而我被留在合肥工业大学。我由于喜爱建筑学，经千方百计申请，获特批后转入安徽建筑工业学院，一年后奉命又回合肥工业大学。21世纪初，应学院邀请来考察建筑学专业教学，准备申请专业教育评估，评估不久得以通过。这次应邀为师生作品集写序，再次与安徽建筑大学师生相聚，十分高兴。

　　20世纪50年代，可能是因为小小庐州城成为新中国的省会，可能是因为中央政府对合肥工业区的决策，可能是因为古城墙址和护城河成了环城公园，也可能是因为当时来访的德国专家雷台尔提出的三叶向外、绿地契入的生态平衡的城市发展策略，合肥的城市规划被称"合肥方式"而闻名全国，同时，合肥代表新中国赴罗马尼亚参加国际交流展。为这一光荣而付出辛劳的来自北京、上海、南京等地的建设者在筹划未来美景的同时，没有忘记对年轻人的教育，建立了建设系统干训班，这就是安徽建筑大学的源头。

　　翻着安徽建筑大学的校史，知其三起三落的经历，就知道一路走来的艰辛，了解了新中国建设的艰难，也就更崇敬为这所大学各个阶段发展而尽心尽力的人们。这本书没有文字解说，没有旁注，只有作品和项目图片，让读者自己去感悟、去体验、去认知，因而作序人也不宜发表过多的个人评论来影响和干扰读者的思绪，仅想提供个人对客观事实的联想。

此书收集了 18 位教师和校友的 27 个实际工程作品和约百位学生的 50 多份获奖作业，前后跨越 10 余年。引起我的几点思考：教师和校友的实际工程案例，其中 3/5 出自任课老师，其他多出自兼任教师，项目涉及办公、医疗、教育、商业、文化、居住、校园、旅游、酒店、工业区、高新区、遗产保护等众多功能类型，说明教师队伍的实践经验丰富，适应时代需求，贴近市场的能力强，同学们在这样一支教师队伍的指导下成长是一种幸福，是一种机缘。

连续 11 年，有 109 位学生在老师指导下提供了 55 份优秀作业参加全国性竞赛并获奖，取得了优异成绩，说明了建筑学科教育方向的正确性，持续坚持面向社会实际、面向未来，培养社会需要的人才。

学生优异作业中半数以上是合作成果，其中不少是学生自己组织完成的，体现出学生已经具有了合作意识，并具有了组织和协调的能力，这是学校教育的另一种成果的体现。

教师作品所体现的整体与个体的协调性、建筑与环境的协调性、室外与室内的协调性，反映了教师们对建筑总体逻辑的认识和把握能力，值得称赞。

学校的教育是建筑大学科的基础教育，而学习能力和素质的培养是一辈子的事，学校除教给学生所应该学会的知识、技能、创新思维外，还应重视培养学生的终身学习的习惯和自我学习的能力、探索未来的能力。

这本作品集不仅向社会展示安徽建筑大学的教育成果，而且还可以培养师生的热情、信心和自觉性。

祝福安徽建筑大学！

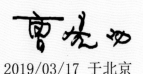

2019/03/17 于北京

追 德 弘 毅

To be virtuous,endurant and erudite

博 学 善 建

To be proficient in construction

目 录

追 德 弘 毅

To be virtuous, endurant and erudite

博 学 善 建

To be proficient in construction

学生作品

紫金奖·建筑及环境设计大赛

"谷雨杯"全国大学生可持续建筑设计竞赛

中国人居环境设计学年奖

全国高等学校建筑设计教案和教学成果评选

UIA 霍普杯国际大学生建筑设计竞赛

鲁坤杯·国际大学生建筑设计方案竞赛

UIA–CBC 国际高校建造大赛

北方设计联盟建筑设计竞赛

东南·中国建筑新人赛

长三角大学生上海地标设计大赛

创青春·中国联通 安徽省大学生创业大赛

金寨县"希望工程纪念馆"方案竞赛

CTBUH 国际大学生高层建筑设计大赛

首届"包豪斯奖"国际设计大赛

UA 创作奖·概念设计国际竞赛

全国大学生绿色校园概念设计大赛

UDG 杯中国建筑新人战

"中联杯"大学生建筑设计竞赛

Autodesk 杯全国大学生建筑设计作业评选与观摩

中国威海国际建筑设计竞赛

威海杯·全国建筑设计方案竞赛

"中建海峡杯"第四届海峡两岸大学生实体建构大赛

"艾景奖"国际景观规划设计大赛

参赛人员：陈彦霖
指导老师：解玉琪

泥涌河·避风塘 — 水乡聚落的演化(01)

基于气候适应性和建筑空间转译下的渔村聚落可持续营造更新探索

设计说明：

大澳渔村位于香港大屿山河口湾的海岸湿地，是香港最古老的社区，密密匝匝的棚屋、纵横交错的水道与木栈道构成了大澳如今的面貌，当地渔民以舢板出入，渔村的淳朴风貌历历在目。然而全球气候变暖对位处低洼的大澳造成了很大的影响，雨季变长，洪水泛滥概率变大，台风风暴潮所造成的海水泛滥变得更加严重。此外大澳青年人口的流失使得社区人口结构失去平衡，不少社会问题相继涌现，如家庭解体、老年人缺乏照顾。鉴于自然环境和社会环境的变化给居民带来的生活压力，设计提出一项混合居住计划，希望能够积极地应对水灾、风暴潮等自然灾害以及社区人口老龄化的情况。灾后不只是重建，更是要走向预防，为了提升社区恢复正常生活秩序的能力，该计划重新考虑了居民公共活动和私人生活空间之间的界限，结合河湾泥涌的天然优势，通过新的棚屋住宅、生活街道、连接平台以及基础设施营造更具韧性的防灾社区，并逐渐恢复河涌周边的自然环境，构建一个更具有自然与社会适应能力的健康家园，从脆弱迈向健全。

01 基地分析

大澳位于香港大屿山西部海滨，是香港现存最著名的一座渔村。大澳一条水道朝西、北岔开，把大的山分离出一块小岛，即大澳岛。村落一部分处在大澳岛上，一部分处在大屿山本岛。大澳地形独特，靠两道步行桥将两岸相连。大澳渔村的居民们多数是枕河而居，出门以舟代步。住宅多为立于水边的木结构高脚棚屋，依旧保留着早期香港的渔村风貌。

02 空间形式研究

住宅类型演变 大澳渔民生活方式的变化使得空间形式也在不断地进行演变。长年以海为家的渔民渴望有安全、稳定的住所，逐步地将水上生活发展为陆上生活。

棚屋聚落构成 棚屋建造于水面上，户户相连，棚屋之间依靠少数的桥和简易的木道连通，形成纵横交错的水上人家。

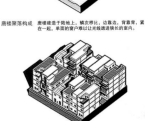

阶段一：拱顶棚屋
盛行于20世纪三四十年代，渔望一所稳定的住处，模仿渔船船身，竹片拱顶，外表铺以漆叶，渔网等材料，圆形石基座，单层长方形间隔。

阶段二：金字塔棚屋
盛行于20世纪五六十年代，木制桁条屋顶，为改善屋顶漏水问题，屋顶上铺杉木板，木结构框架，修长石基，单层长方形间隔。

阶段三：坤甸木棚屋
盛行于20世纪七八十年代，为使建筑变得更加牢固，以浸水不腐烂的坤甸木为整体结构框架材料，木柱基础，多层建筑，底层有半开放式的平台。

阶段四：唐楼
便于聚集交往和开展商业活动，大部分唐楼都是下商上居，有三至五层的屋廊，由黑瓷、不透风的狭长楼梯连接各自平面，有大窗户和阳台。

灾后重建棚屋

唐楼聚落构成 唐楼建造于陆地上，鳞次栉比，边靠边，背靠背，紧在一起，单面的窗户难以让光线透进狭长的室内。

形式一：增加私人活动空间

形式二：增加公共活动空间

形式三：增加室内生活空间

形式四：增加室外工作空间

匠心築境
建筑与规划学院 优秀作品集

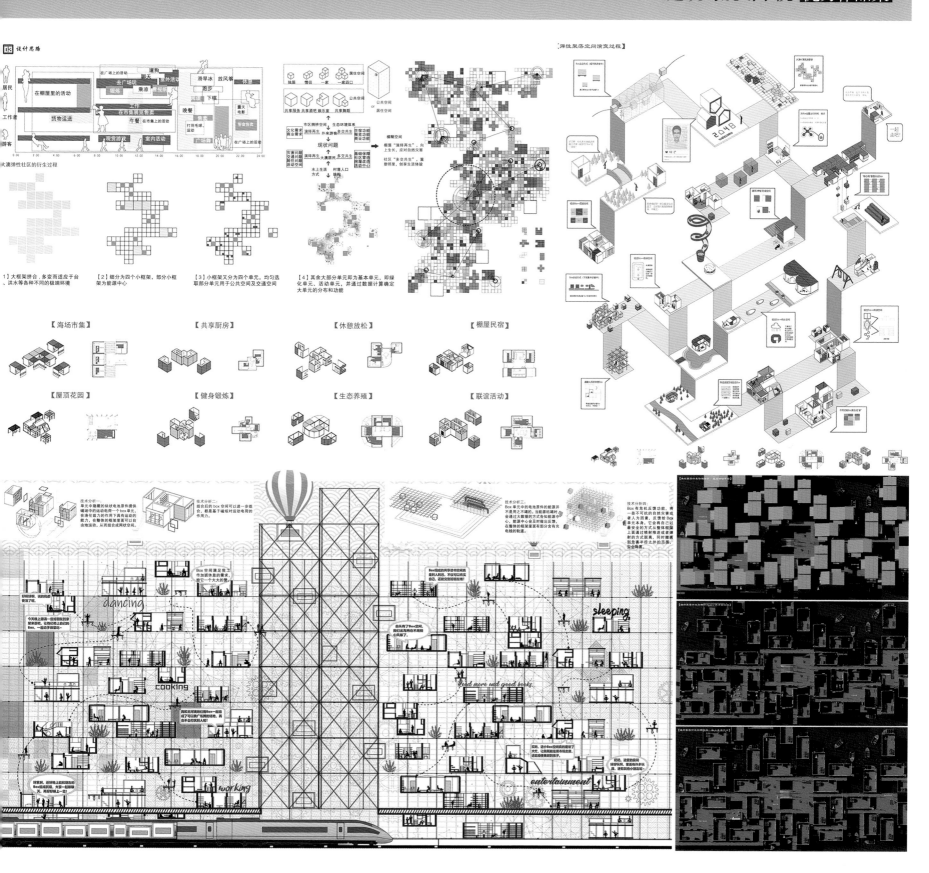

参赛人员：易健文

指导老师：许杰青

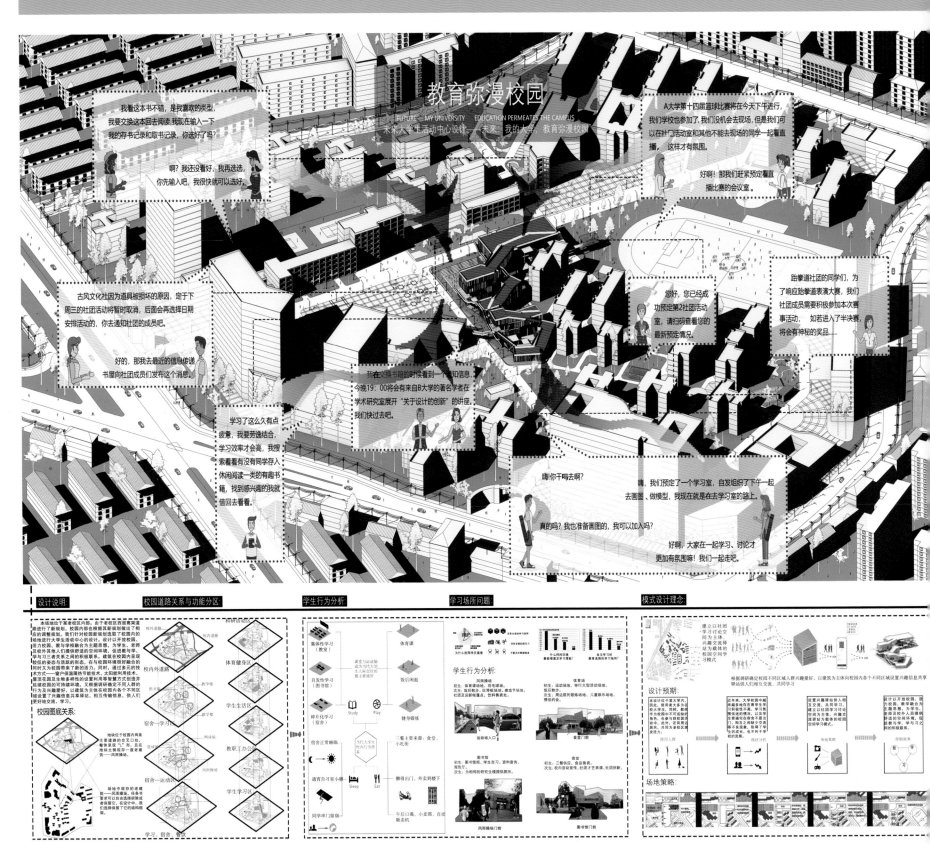

匠心筑境
建筑与规划学院 优秀作品集

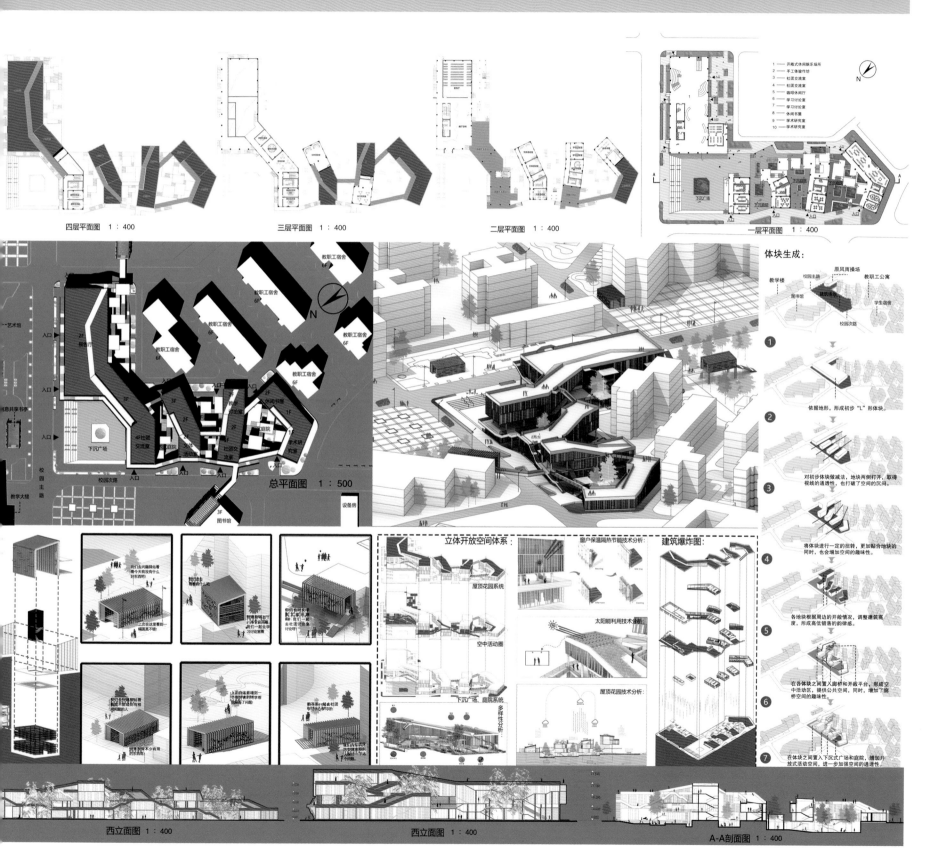

四层平面图　1：400

三层平面图　1：400

二层平面图　1：400

一层平面图　1：400

总平面图　1：500

体块生成：

1　依据地形，形成初步"L"形体块。

2　对初步体块做减法，地块两侧打开，取得视线的通透性，也打破了空间的沉闷。

3　将体块进行一定的扭转，更加贴合地块的同时，也会增加空间的趣味性。

4　各地块根据周边的开敞情况，调整建筑高度，形成高低错落的韵律感。

5　在各体块之间置入廊桥和开敞平台，形成空中活动区，提供公共空间，同时，增加了廊桥空间的趣味性。

6　在体块之间置入下沉式广场和庭院，增加开放式活动空间，进一步加强空间的通透性。

立体开放空间体系：
屋顶花园系统
空中活动圈
下沉广场、庭院系统

围护保温隔热节能技术分析：
太阳能利用技术分析：
屋顶花园技术分析：

建筑爆炸图：

多样性分析：

西立面图　1：400

西立面图　1：400

A-A剖面图　1：400

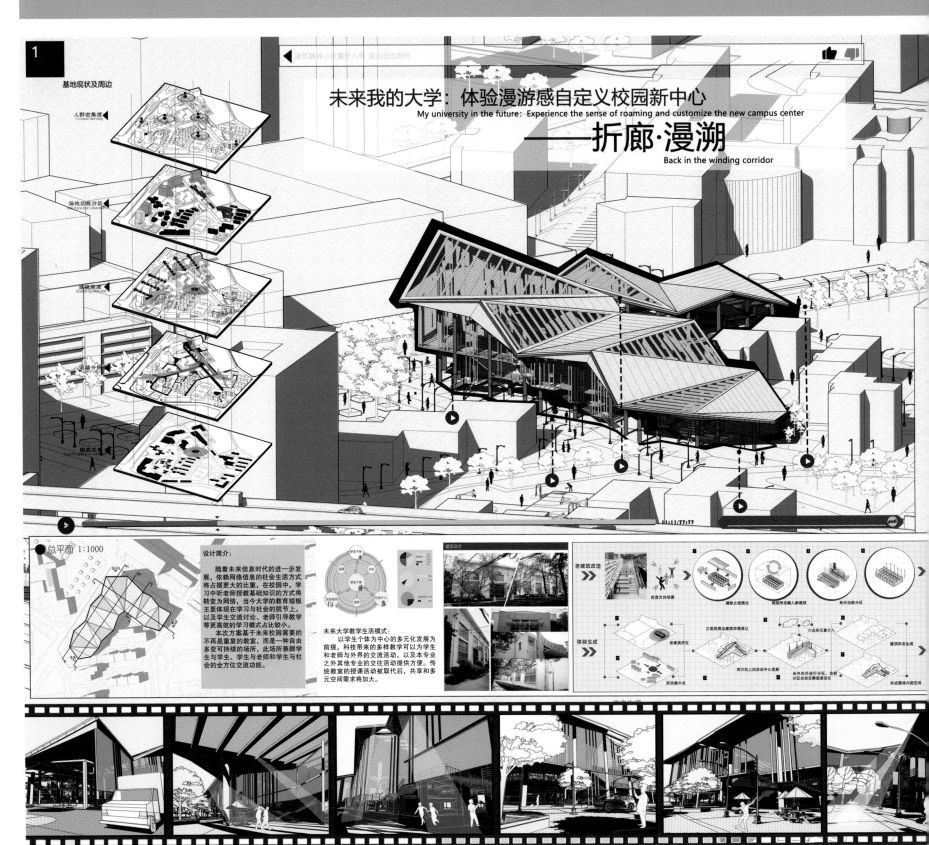

基地现状及周边

人群密集度
Crowd density

场地功能分区

建筑高度
Building heights

道路分析

图底关系

未来我的大学：体验漫游感自定义校园新中心
My university in the future: Experience the sense of roaming and customize the new campus center

——折廊·漫溯
Back in the winding corridor

总平面 1:1000

设计简介：

　　随着未来信息时代的进一步发展，依赖网络信息的社会生活方式将占据更大的比重，在校园中，学习中听老师授教基础知识的方式将转变为网络，当今大学的教育短板主要体现在学习与社会的脱节上，以及学生交流讨论、老师引导教学等更高效的学习模式占比较小。

　　本次方案基于未来校园需要的不再是重复的教室，而是一种自由多变可持续的场所，此场所兼顾学生与学生、学生与老师和学生与社会的全方位交流功能。

未来大学教学生活模式：

　　以学生个体为中心的多元化发展为前提，科技带来的多样教学可以为学生和老师与外界的交流活动，以及本专业之外其他专业的交往活动提供方便。传统教室的授课活动被取代后，共享和多元空间需求将加大。

建筑现状

老建筑改造

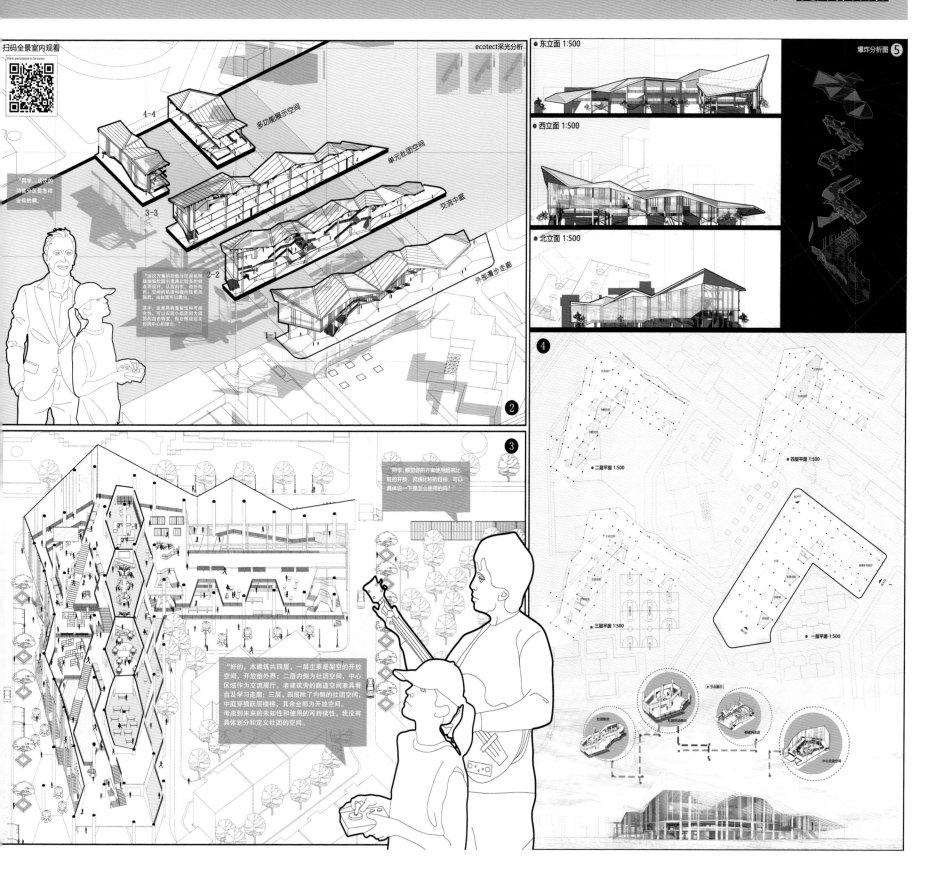

扫码全景室内观看
View panorama in browser

ecotect采光分析

爆炸分析图 **5**

● 东立面 1:500

● 西立面 1:500

● 北立面 1:500

4-4

多功能展示空间

单元社团空间

3-3

交流中庭

2-2

外部漫步走廊

1-1

"同学，这次的功能分区是怎样安排的啊。"

"这次方案的功能分区是依据场地临校园主道路比较多的特点而设计，从西向东，由外向内，空间的私密和宽向性更加密明，由此图可以看出。
其中，这里具有重叠性和可组合性，可以实现小组团到大组团的自由转变，贴合他自定义校园中心的理念。

2

3

"同学，感觉你的方案使用起来比较的开放，流线比较的自由，可以具体谈一下是怎么使用的吗？"

4

● 二层平面 1:500

● 四层平面 1:500

● 三层平面 1:500

● 一层平面 1:500

"好的，本建筑共四层，一层主要是架空的开放空间，开放给外界；二层内侧为社团空间，中心区域作为交流展厅，老建筑旁的廊道空间兼具看台及学习走廊；三层、四层除了内侧的社团空间，中庭穿插跃层楼梯，其余全部为开放空间。考虑到未来的未知性和使用的可持续性，我没有具体划分和定义社团的空间。

社团组合   社团边界展开   老建筑立面

● 节点展示   中心交流空间

参赛人员：张　诚

指导老师：许杰青

Speak for youth
青年亚文化中心：为青春发声
Youth subculture and Art Theater Center

设计说明：

人与空间的邂逅是自发式的，自由的人进入空间，空间就是自由的，既宅又闷的人会进入闭塞的空间。场地的魅力就在于会有悲喜剧人物在其中进行着悲喜剧的"彩排"。场地选择人物的同时，人也在选择场地。这样一场实与虚的选择权利，最终都会归还给人。本次方案以合柴主体受众——青年群体为基本出发点，由他们自发式地完成空间的塑造、新生。同时也将塑造形式的权利归还给城市中的亚文化群体，他们是城市的宣传者也同时是城市的改造者，他们善于用身体丈量空间、改造空间，合柴剧场因此需要一个新的属于青年亚文化的空间，其他的，便交给空间的主人——人。

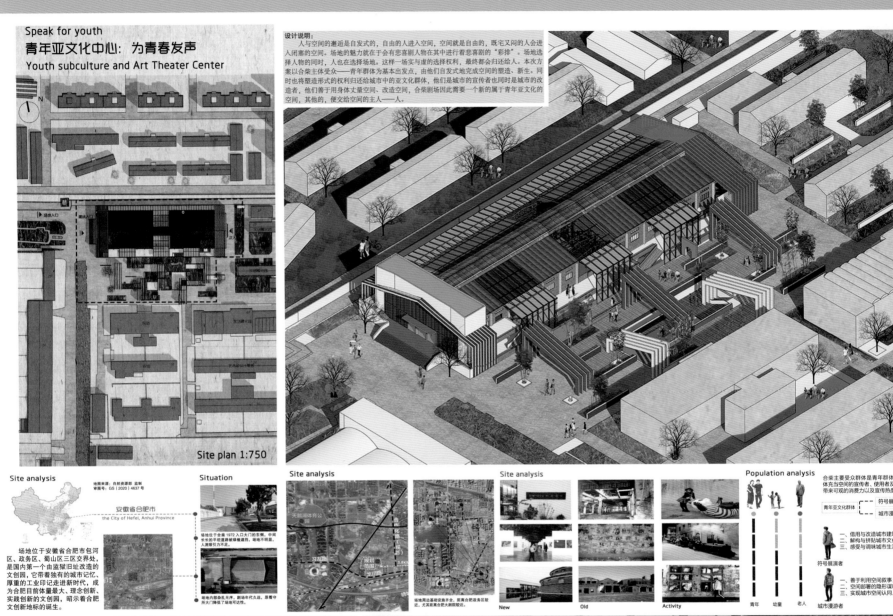

Site plan 1:750

Site analysis

地图来源：自然资源部 监制
审图号：GS（2020）4637号

安徽省合肥市
the City of Hefei, Anhui Province

场地位于安徽省合肥市包河区、政务区、蜀山区三区交界处，是国内第一个由监狱旧址改造的文创园，它带着独有的城市记忆、厚重的工业印记走进新时代，成为合肥目前体量最大、理念创新、实践创新的文创园，昭示着合肥文创新地标的诞生。

Situation

场地位于合柴1972入口大门的东侧，中间长长的平坦道路绿植稀疏，人流吸引力不足。

场地内部杂乱无序，剧场年代久远，原看守所大门降低了场地可达性。

Site analysis

场地周边基础设施齐全，距离合肥政务区较近，尤其距离合肥大剧院较近。

Site analysis

New　　Old　　Activity

Population analysis

合柴主要受众群体是青年群体，青体充当空间的宣传者、使用者及创造带来可观的消费力以及宣传热度。

青年亚文化群体　　符号展演者
城市漫游者

一、借用与改造城市建筑；
二、解构与拼贴城市文化；
三、感受与调味城市生活。

符号展演者

一、善于利用空间叙事；
二、空间部署的隐形谋略者；
三、实现城市空间认同。

城市漫游者

青年　幼童　老人

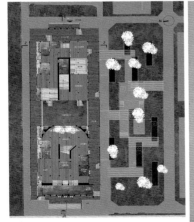

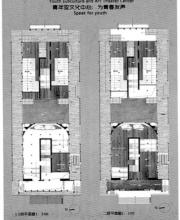

Youth subculture and Art Theater Center
青年亚文化中心：为青春发声
Speak for youth

1.5层平面图1：200　　二层平面图1：200

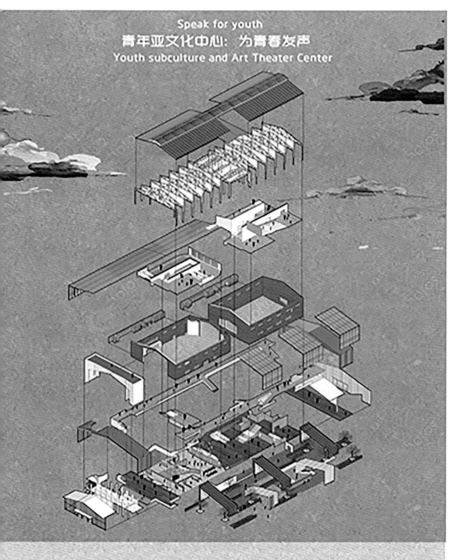

Speak for youth
青年亚文化中心：为青春发声
Youth subculture and Art Theater Center

功能分析

Exhibition hall
Yard
stage
Entrance Hallway
Office
Waiting hall
Leisure Restaurant
Spectator Seats
Entrance Hallway

新旧对比

Old

New

广场

音乐餐厅

地下办公大厅

开放区域

改造区域

依托现有独特、稀缺的空间风貌，以文化创意产业为核心，打造一个集展览陈列、创意设计、文创办公、时尚生活、配套商业等于一体的先锋文化创意区。

场地设备老化，设施落后，可达性差，无改造痕迹，仅定义为剧场文创区，人流量少。

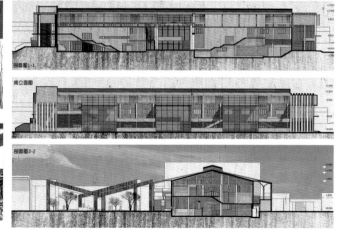

剖面图1-1

南立面图

剖面图2-2

参赛人员：刘安琪　易健文
指导老师：许杰青

课题背景：

合柴 1972 创意文化区位于安徽省合肥市包河区金寨路与龙川路交会位置，靠近合肥政务新区。合柴前身是合肥监狱，作为国内首个监狱改造项目，除却特殊的历史价值，还有着工业建筑极为震撼的结构与空间体验，具有独特的艺术审美价值，整体改造深受省市各级领导与广大市民的重视与期待。园区改造后以文创主题为核心，改造建设展览区、文创办公等区域，目前园区展览区改造完成，已对外开放。

人群使用情况：

合柴 1972 创意文化区位于安徽省合肥市包河区金寨路与龙川路交会位置，靠近合肥政务新区。主要使用人群为办公人员、旅游人员、就近居民等。

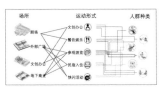

● 园区内部分析：

● 园区生活区与工作区分区

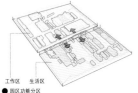

工作区　生活区

● 园区功能分区

展览空间
文创办公
主题民宿
艺术街区

● 园区道路分析

● 园区元素提取

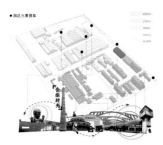

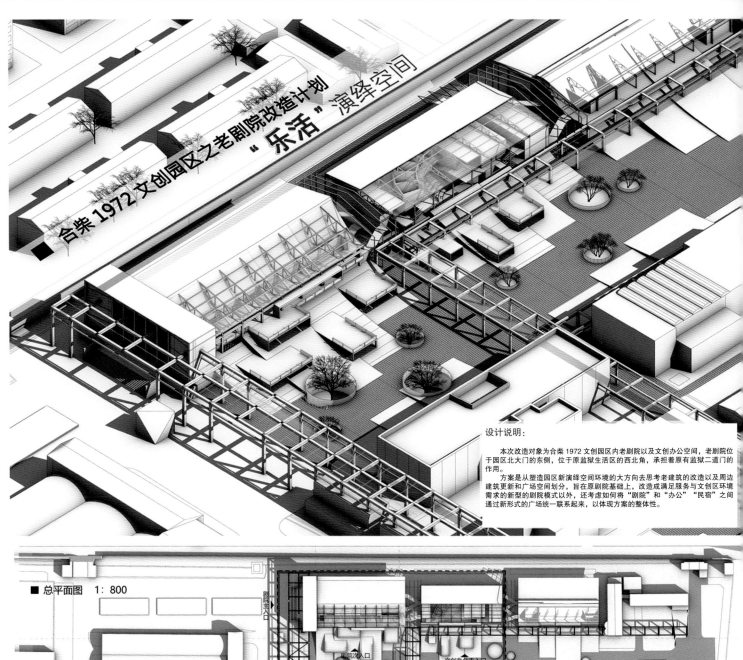

合柴 1972 文创园区之老剧院改造计划

"乐活"演绎空间

设计说明：

本次改造对象为合柴 1972 文创园区内老剧院以及文创办公空间，老剧院位于园区北大门的东侧，位于原监狱生活区的西北角，承担着原有监狱二道门的作用。

方案是从塑造园区新演绎空间环境的大方向去思考老建筑的改造以及周边建筑更新和广场空间划分，旨在原剧院基础上，改造成满足服务与文创区环境需求的新型的剧院模式以外，还考虑如何将"剧院"和"办公""民宿"之间通过新形式的广场统一联系起来，以体现方案的整体性。

■ 总平面图　1：800

剧院主入口
剧院次入口
广场入口
文创办公主入口
地下空间入口1
地下空间入口2

南立面图1：400

匠心築境
建筑与规划学院 优秀作品集

■ 剧院部分爆炸分析图

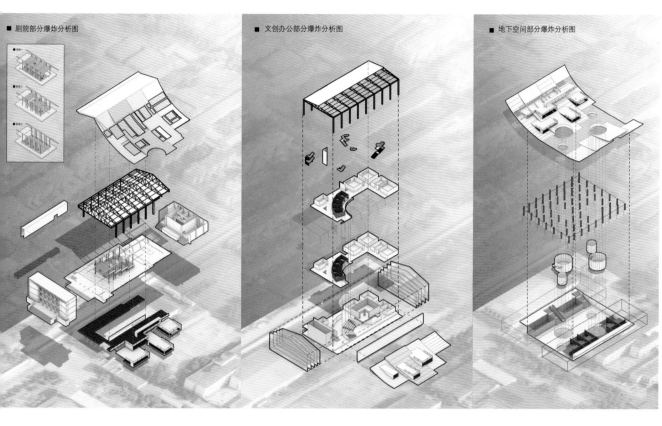

■ 文创办公部分爆炸分析图

■ 地下空间部分爆炸分析图

■ 广场效果展示

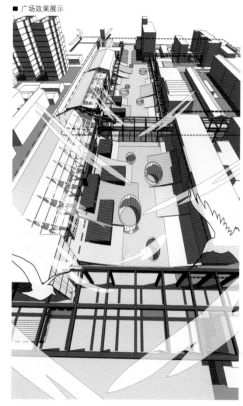

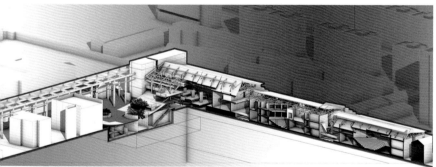

二层平面图 1:400

三层平面图 1:400

地下一层平面图 1:400

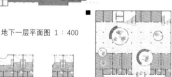

■ 一层平面图 1:400

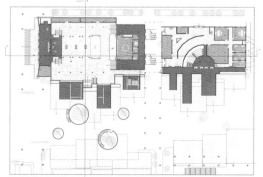

■ 剖透视效果图

■ 剧场改造形态思考

开放南立面 拆除
舞台屋顶支撑体系 step 1

剧院中心重建可并接舞
台体系 联系原有二层
和一层空间 step 2

剧院内南北老设计套廊
开辟楼各层出口至南广场 step 3

延续原有屋顶斜顶形态
至广场空间 step 4

■ 文创办公形成的思考

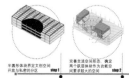

半圆形体块界定文创空间
开放与私密的分区 step 1

完善交流空间形态 确定
两个联层体块作为功能空
间需求较大的空间 step 2

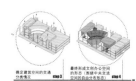

确定建筑空间的交通
分类情况 step 3

最终形成文创办公空间
的形态 (延续中央交流
空间的自由分布形态) step 4

■ 广场形态思考

step 1:
确认剧院所在位置状态, 划
分周边功能分区关系。

剧院   文创办公
民宿

step 2:
选取建筑形式, 确定场地出
入口位置。

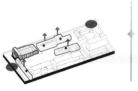
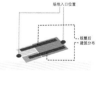

场地入口位置

调整后
建筑分布

step 3:
先在狭长空间形成贯穿广场
的空间, 延续剧院改造的屋
顶模式, 形成蜿转的广场形
态。

贯穿走廊广场
构筑物与行走空间

step 4:
通过工业元素的构建, 划分
广场各个节点空间, 从视觉
上界定空间, 形成序列。

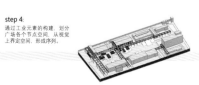

外部道路   剧院   文创办公
民宿

广场节点

2019年鲁坤杯·国际大学生建筑设计方案竞赛 银奖

参赛人员：孟勤林 宁尚明 黄荣钦 陈黎辉

海风吹过的街道
——基于气候适应性和建筑形式移养下的可持续聚落设计

优化布局
Optimized Layout

季节性风向分析

街巷空间

原道路分析

增加散热空间

村落风环境分析

建筑肌理

规划道路分析

改良挡风面

文化综合中心　海洋广场　商业区

总平面

街巷横平竖直，由建筑组团自然围合而成；聚落南偏东约15°（有效引导夏季通风并阻挡冬季寒风），建筑间相互阻挡西北风。

海草屋顶、北岗岩或砖为墙体（保温隔热、抗风防雨）、院落植树，院内气温低于院外构成气压差，形成被风效果。

建筑面海傍山，沿海岸线展开呈条状布局（争取南向日照，利用北侧山体阻挡冬季风）。

沿海村落多沿山坡横向展开，呈条状布置，建筑间相互遮挡来抵挡西北方向的寒风；南侧建筑相互间隔，疏导夏季风，促进空气的流动。通过增大东南侧海风进入，使穿堂风带走庭院内的热量，并且阻挡西北风，减少带走建筑热量。

匠心築境
建筑与规划学院 优秀作品集

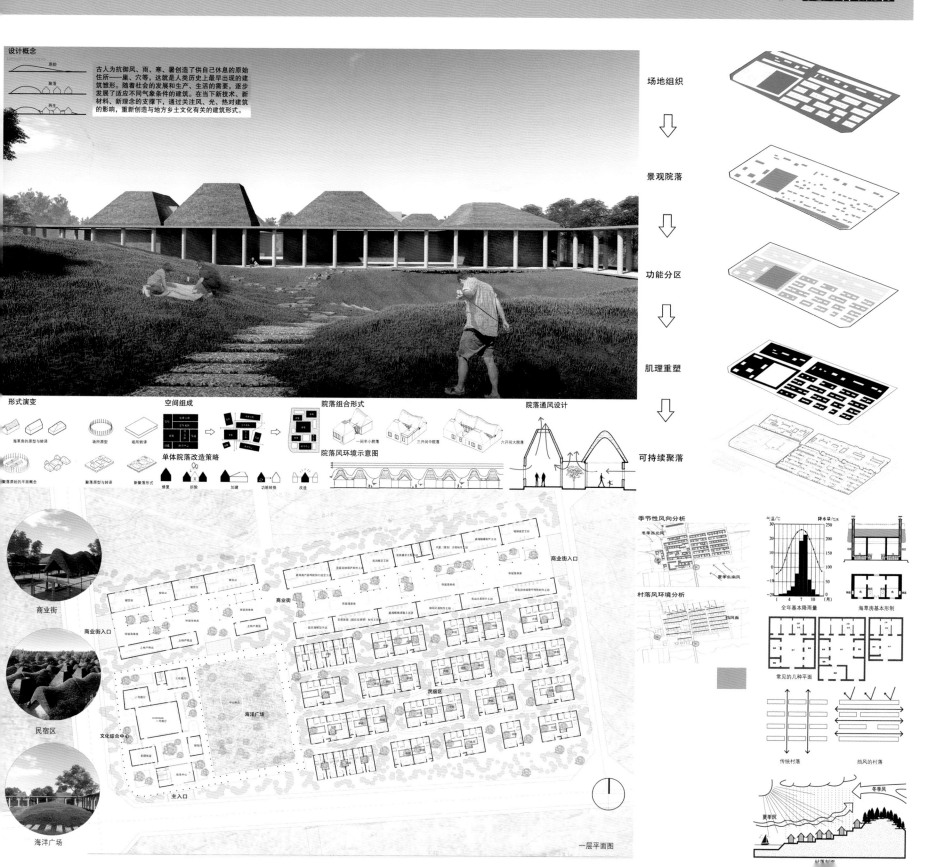

设计概念

古人为抗御风、雨、寒、暑创造了供自己休息的原始住所——巢、穴等,这就是人类历史上最早出现的建筑雏形。随着社会的发展和生产、生活的需要,逐步发展了适应不同气象条件的建筑。在当下新技术、新材料、新理念的支撑下,通过关注风、光、热对建筑的影响,重新创造与地方乡土文化有关的建筑形式。

场地组织

景观院落

功能分区

肌理重塑

可持续聚落

形式演变

空间组成

院落组合形式

院落通风设计

院落风环境示意图

单体院落改造策略

海草房的原型与转译   场地原型   场所转译

聚落原始的平面概念   聚落原型与转译   新聚落形式

一间半小院落   三开间中院落   六开间大院落

修复   拆除   加建   功能转换   改造

商业街

商业街入口

民宿区

海洋广场

商业街入口

商业街

商业街入口

民宿区

文化综合中心

海洋广场

主入口

一层平面图

季节性风向分析

村落风环境分析

全年基本降雨量

海草房基本形制

常见的几种平面

传统村落   挡风的村落

冬季风

夏季风

参赛人员：朱屠昊　王思远　陈淑铮
指导老师：聂　玮　王　薇

亥時

夕陽沉渡 萬物膝朧

日落

日出而作 日入而息

午時

日中為市 各得其所

日出

日出有曜 羔羊如濡

海草房十二時辰

基于分时游环结构的小西村更新构想

设计说明

日出有曜，日中为市，日落而息，夕阳暧暧……

十二时辰下，观日出日落，赏云淡风轻，听风吹海浪。不同时空，促成不同的场所；不同的场所，又酝酿着不同的活动。几段不同的游览路线，激活更新不同的单体节点。

该设计从海草房空间格局与场地问题出发，探讨传统村落划分的死板单一与人行为活动的不断削减等问题，又从激活场地活力出发，实现四条四段时辰内的时空变幻，同时结合"游环构造"理论下富有活力的布点方式，营造出四条极具特色的路线：赏月与日出日落之线、文脉之线、观展之线以及休闲线，并且借鉴"游环构造"中流线与建筑空间的逻辑关系，共同促成海草房村落聚落的微更新策略，以期达到吸引游客与留住村民的最终目的。

总平面

1: 1000

由于沿海特殊的地理位置和气候因素，从明万历年间建村起，胶东沿海居民就以厚石砌墙，用海中生长的大叶海苔晒干后作为材料苫盖屋顶，建造海草房。其中，威海虎头角海苇艺术小镇规划区域内的小西村，尚有100多栋保存完好的海草房，基本都是具有200多年历史的乡土建筑，沿海岸线形成了一条自具特色的海草房区域带，与自然环境、生态资源和人们的生产生活和谐共生。聚集着威海传统海草房区域带原生态的本土基因，许多慕名而来的游客或租赁海草房居住，或进村看民俗、吃海鲜，感受海草房古朴的渔家气息，体味生活在原生态渔村的感觉。小西村海草房村落特有的文化内涵和巨大的开发价值日益显现，已经发展成为当地极具特色的旅游资源，并被列入第五批中国传统村落名录。

基地分析

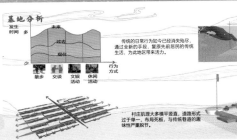

传统的日常行为如今已经消失殆尽，通过全新的手段，复原先前居民的传统生活，为此地区带来活力。

村庄肌理大多横平竖直，道路形式过于单一，布局死板，与传统巷道的趣味性严重脱节。

人迹稀少
不可以逆失活动沿海三

从激活村庄考虑，引入"游环构造"理论，将其融入村庄进行整体化设计，形成四段游线，依据时空变化和场所的更迭，创造不同的景观与不同的活动。

平面圖

1: 1000

由于季风风向决定开口朝向，风顺势从穿堂流向屋顶。

Step1: 构筑墙体，形成回流空间 Step2: 依照穿堂风向生成

偎风一杯

Floating as the wind

活动：艺术装置感知人与风的空间变化

戏台在传承数年的文化遗传基础上，愈发成为人们的交流中心。

传统建构与树下空间的碰撞

一出好戏

Red Stage

活动：新形式的建构带来文化的交互

双手触摸，脚踩干海草，感受材料随岁月的变迁。

拆除多余结构与新添墙体生成

新拉残壁

Ruins of the Newborn

活动：形成新的人与遗迹的空间交互

日常景观：沿海地区的发电风车

TECHNOLOGY / BREATHING

通过人的呼吸与科技材料之间的交互，传达人与风的联系

等风来

Wind with the Wind

活动：借助风车可持续观念传达人与风的双向交互模式

寓意：古树生命的延续、屋顶的延伸贯通、生命的不停息

独立屋顶的延伸

延伸贯通，打破原有空间格局，形成下部休憩空间

万物生长

Spread of Roof

活动：为方便交流进行人与空间的交互

大人、小孩走上屋顶，感受最真实的民居海草屋顶

考虑到海草房空间格局的环状步道

上房揽瓦

Playing on the Roof

活动：通过环形步道达到景观节点的空间交互

节点分析

在节点设计中结合海草房自身特点，挖掘其屋顶特色、院落特色等，设计出十二个不同而有联系的单体。其中包含体验展览空间、休憩茶吧、民俗体验中心等一系列与当地传统活动紧密联系的活动空间。同时结合布点的逻辑算法等，在推演人流聚集与疏散的过程中考虑美化与景观设计，使得节点设计更加人性化，与时俱进，将村庄更新与改造朝着更加科学、合理的方向推进。

海草房十二時辰 贰

基于分时游环结构的小西村更新构想

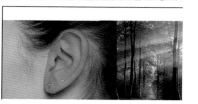

参赛人员：陈彦霖　罗晨晨
指导老师：解玉琪　韩　玲

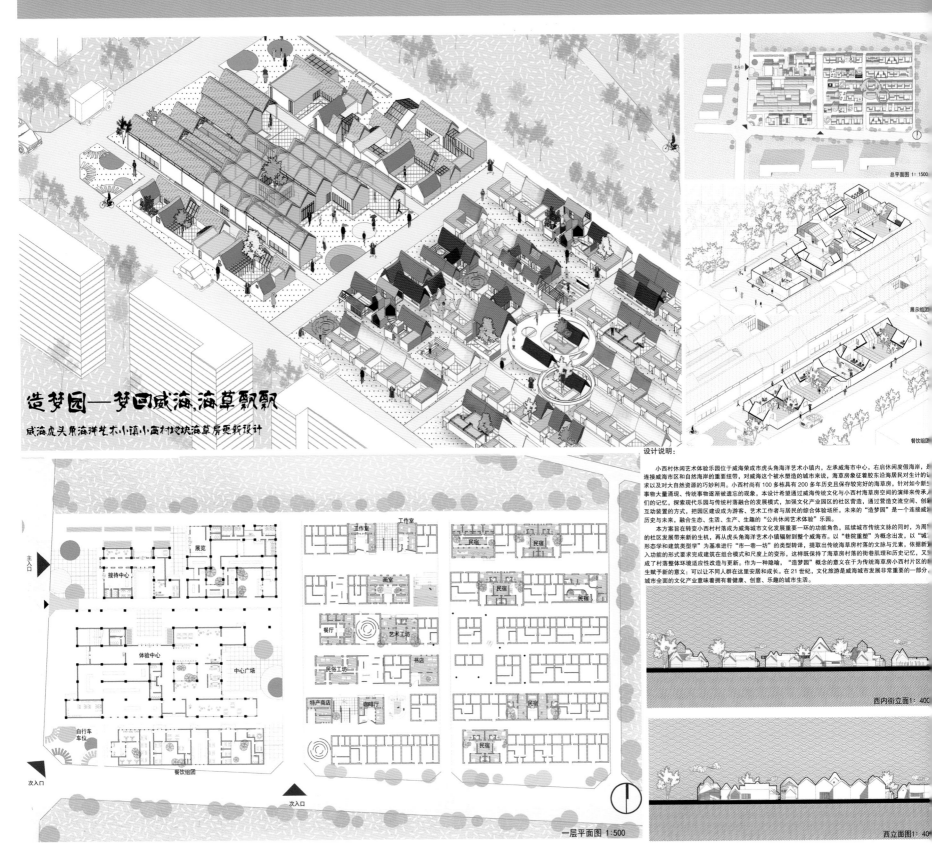

造梦园——梦回威海，海草飘飘

威海虎头角海洋艺术小镇小西村地块海草房更新设计

总平面图 1:1500

展示组团

餐饮组团

设计说明：

　　小西村休闲艺术体验乐园位于威海荣成市虎头角海洋艺术小镇内，左承威海市中心，右启休闲度假海岸，是连接威海市区和自然海岸的重要纽带，对威海这个被水塑造的城市来说，海草房象征着胶东沿海居民对生计的诉求以及对大自然资源的巧妙利用。小西村尚有 100 多栋具有 200 多年历史且保存较完好的海草房，针对如今新生事物大量涌现、传统事物逐渐被遗忘的现象，本设计希望通过威海传统文化与小西村海草房空间的演绎来传承人们的记忆，探索现代乐园与传统村落融合的发展模式，加强文化产业园区的社区营造，通过营造交流空间、创新互动装置的方式，把园区建设成为游客、艺术工作者与居民的综合体验场所。未来的"造梦园"是一个连接城市历史与未来，融合生态、生活、生产、趣味的"公共休闲艺术体验"乐园。

　　本方案旨在转变小西村村落为威海城市文化发展重要一环的功能角色，延续城市传统文脉的同时，为周围的社区发展带来新的生机，再从虎头角海洋艺术小镇辐射到整个威海市。以"巷院重塑"为概念出发，以"城市形态学和建筑类型学"为基准进行"市—巷—坊"的类型转译，提取出传统海草房村落的文脉与元素，依据新植入功能的形式要求完成建筑在组合模式和尺度上的变形，这样既保持了海草房村落的街巷肌理和历史记忆，又完成了村落整体环境适应性改造与更新。作为一种隐喻，"造梦园"概念的意义在于为传统海草房小西村片区的新生赋予新的意义：可以让不同人群在这里安居和成长。在 21 世纪，文化旅游是威海城市发展非常重要的一部分，城市全面的文化产业意味着拥有着健康、创意、乐趣的城市生活。

西内街立面 1:400

西立面图 1:400

一层平面图 1:500

主入口
接待中心
展览
体验中心
中心广场
自行车车位
次入口
次入口
餐饮组团

工作室
工作室
民宿
民宿
画室
民宿
民宿
餐厅
艺术工坊
民俗工坊
书店
特产商店
咖啡厅
民宿
民宿

匠心築境
建筑与规划学院 优秀作品集

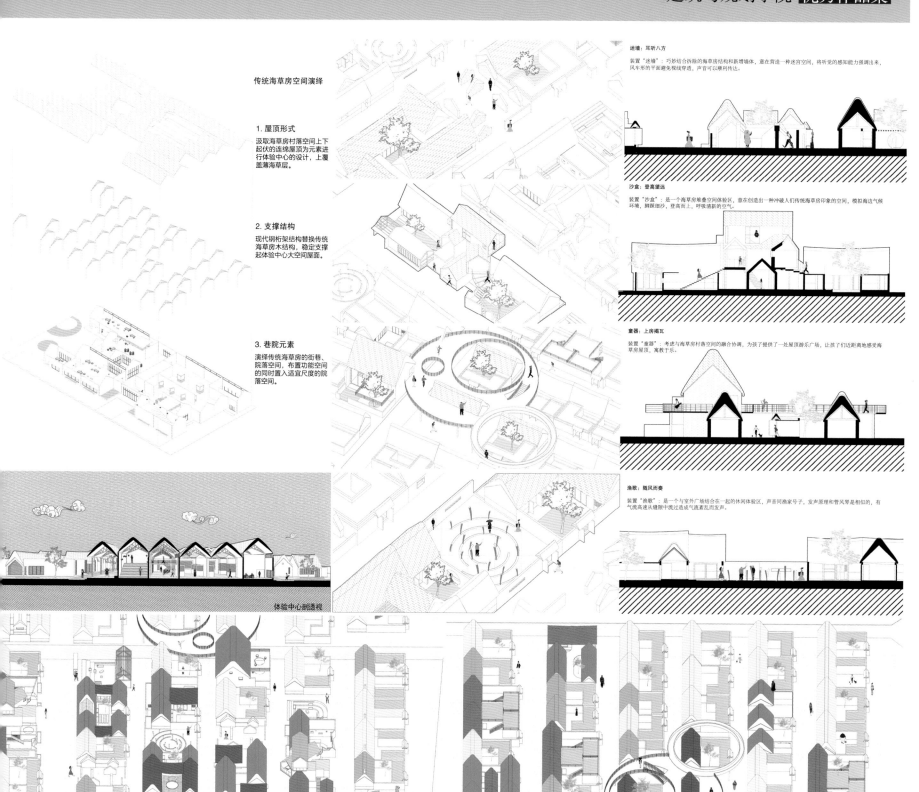

传统海草房空间演绎

1. 屋顶形式
汲取海草房村落空间上下起伏的连绵屋顶为元素进行体验中心的设计，上覆盖薄海草层。

2. 支撑结构
现代钢桁架结构替换传统海草房木结构，稳定支撑起体验中心大空间屋面。

3. 巷院元素
演绎传统海草房的街巷、院落空间，布置功能空间的同时置入适宜尺度的院落空间。

体验中心剖透视

迷墙：耳听八方
装置"迷墙"：巧妙结合拆除的海草房结构和新增墙体，意在营造一种迷宫空间，将听觉的感知能力强调出来，风车形的平面避免视线穿透，声音可以顺利传达。

沙盒：登高望远
装置"沙盒"：是一个海草房堆叠空间体验区，意在创造出一种冲破人们传统海草房印象的空间，模拟海边气候环境，脚踩细沙，登高而上，呼吸清新的空气。

童器：上房揭瓦
装置"童器"：考虑与海草房村落空间的融合协调，为孩子提供了一处屋顶游乐广场，让孩子们近距离感受海草房屋顶，寓教于乐。

渔歌：随风而奏
装置"渔歌"：是一个与室外广场结合在一起的休闲体验区，声音同渔家号子，发声原理和管风琴是相似的，有气流高速从缝隙中流过造成气流紊乱而发声。

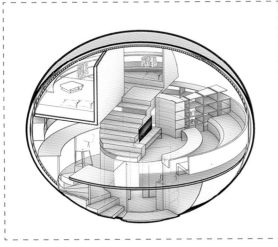

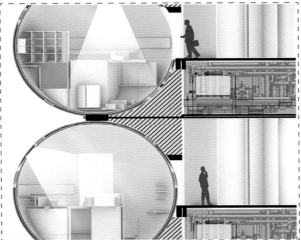

2019年UIA霍普杯国际大学生建筑设计竞赛　优秀奖

参赛人员：宋　健　曹雨佳　施怡帆　王希特
指导老师：解玉琪

匠心築境
建筑与规划学院 优秀作品集

Scene 1

A man was passing Times Square while playing with his mobile phone. Suddenly a huge face appeared upstairs beside him.He was frightened. His mobile phone even dropped out. It seemed that the building was playing a joke on him.

APPEARING   SHOCKING

Scene 2

When a person passes Times Square and wants to know someone in the building, he just needs to take out his cellphone, open a specific App, scan it, and interact with the people in the building through social media. Architecture is also part of the media.

Photograph   *Social media*

Scene 3

When a billionaire wants to pass his personal message through the building at a certain time, he rents all the balls, and the facades of the balls form a huge image of him.His purpose can also be achieved. He used the building to further expand his influence.

RICH   STATUS

Scene 4

Times Square atracts worldwide attention, so many companies will want to use the influence of Times Square to promote their brand.Therefore, when the new building comes into being in Times Square, it will become the advertising space that advertisers grab. When no one lives in the sphere for a long time, advertisers can be allowed to stay in it. Advertising on the facade to recover high investment funds.

Advertisement   *Profit*

building is located in Times Square in Manhattan, because Manhattan is ...ical representative of modern cities and the most concentrated place of ... crapers in the world. This city can have great tolerance for new things, ... Manhattan focuses the eyes of the world, and our new buildings will be ... displayed here.

WHO ARE YOU ?
Traditional residential buildings adopt frame structure shear wall system with uniform elevation

WHERE ARE YOU ?
Most of the buildings in modern cities are just like this one. They have no features, they are easy to forget. When you throw this building in the city, it's hard to tell the difference between them.

A NEW APARTMENT!
We have created a new building with new concepts that everyone in the building can express themselves through the apartment.

I AM COMING!
The smiling faces of the residents will appear on the front of the building, so the building will have a high-profile dialogue with other buildings in the city.

I AM HERE!
This new building provides the possibility of communication and interaction between the people in the building and the people in the surrounding city in a humorous way, thus infecting the people living in the dull and expressionless city, bringing them pleasure, and a happy building makes the city happy.

When there is no one in the building, the building is in the state of a 'standby', whether outside or inside.

Someone walks in

The building was awakened, everything in the sphere began to work, and the man's face appeared on the surface of the sphere.

参赛人员：陈宇明　汪守高　汪晟昱

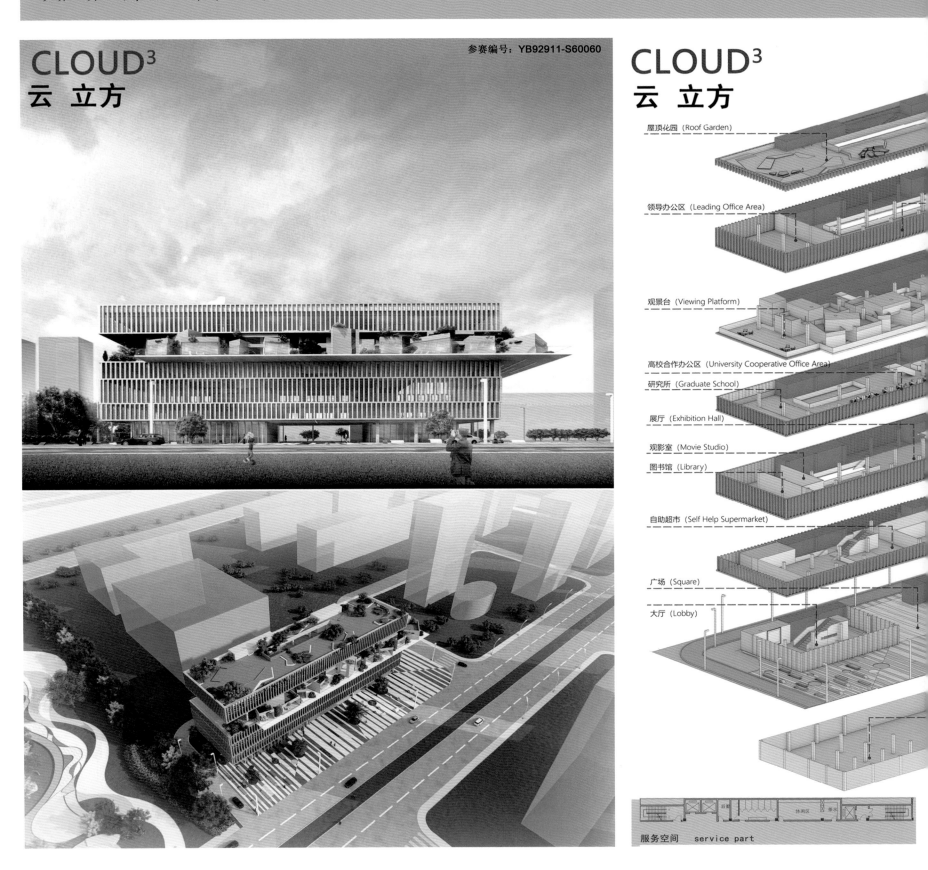

CLOUD³
云 立方

参赛编号：YB92911-S60060

CLOUD³
云 立方

屋顶花园 (Roof Garden)

领导办公区 (Leading Office Area)

观景台 (Viewing Platform)

高校合作办公区 (University Cooperative Office Area)

研究所 (Graduate School)

展厅 (Exhibition Hall)

观影室 (Movie Studio)

图书馆 (Library)

自助超市 (Self Help Supermarket)

广场 (Square)

大厅 (Lobby)

服务空间　service part

参赛编号：YB92911-S60060

CLOUD³
云 立方

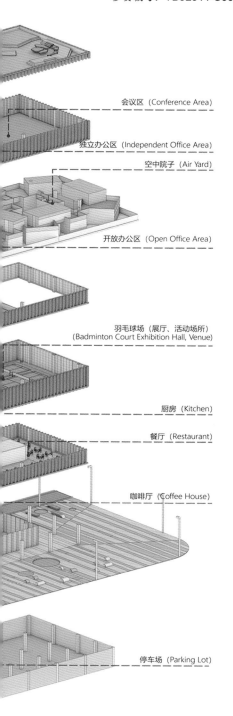

会议区 (Conference Area)

独立办公区 (Independent Office Area)

空中院子 (Air Yard)

开放办公区 (Open Office Area)

羽毛球场（展厅、活动场所）
(Badminton Court Exhibition Hall, Venue)

厨房 (Kitchen)

餐厅 (Restaurant)

咖啡厅 (Coffee House)

停车场 (Parking Lot)

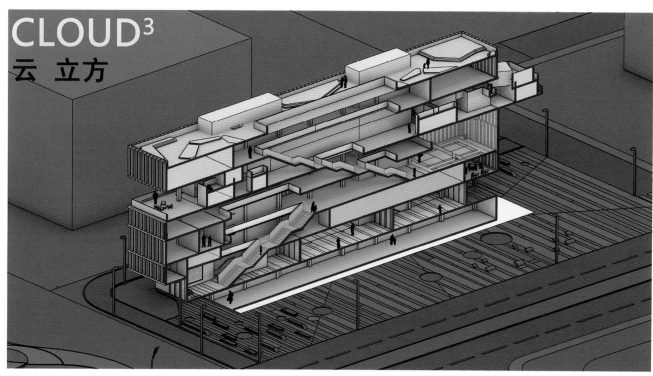

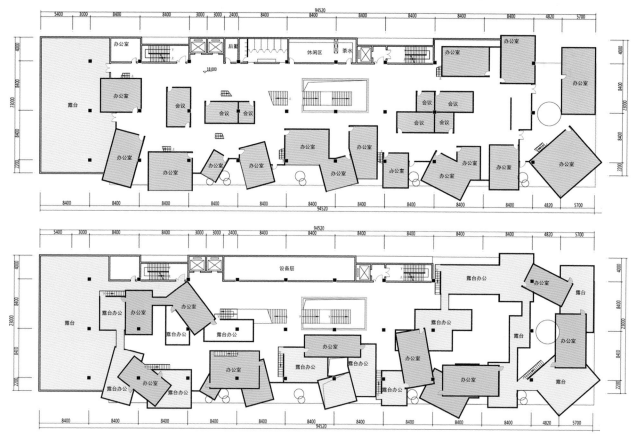

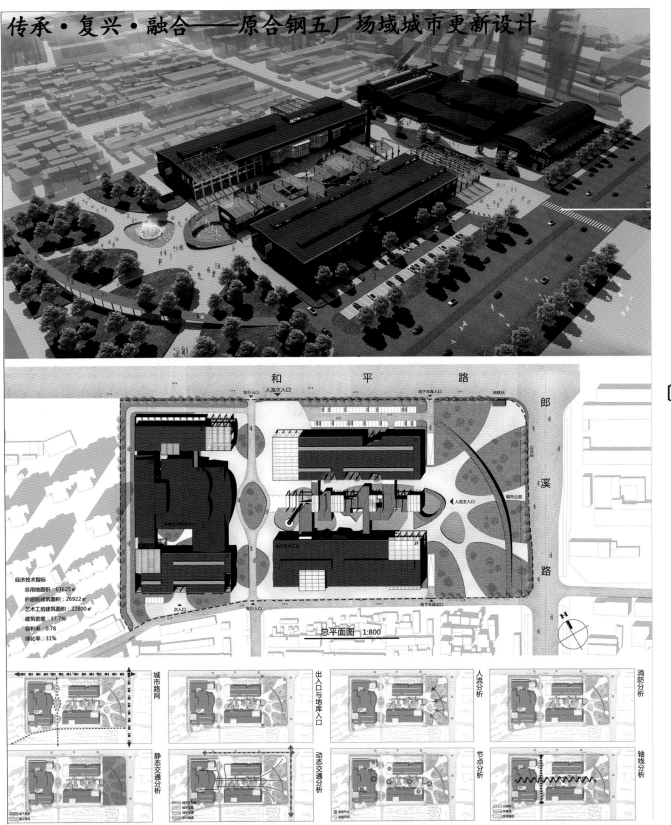

传承·复兴·融合——原合钢五厂场域城市更新设计

经济技术指标
总用地面积：63625 ㎡
炉居院建筑面积：26922 ㎡
艺术工坊建筑面积：22800 ㎡
建筑密度：37.7%
容积率：0.78
绿化率：31%

总平面图 1:800

城市路网分析
出入口与地库入口
人流分析
消防分析
静态交通分析
动态交通分析
节点分析
轴线分析

体块生成

原始建筑：
三栋保留厂房，中间一栋可拆除

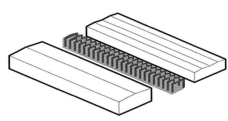

消　解：
将基地中间厂房拆除，形成中部较贯通的场地

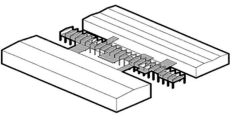

串　联：
借助中部厂房结构架起二层平台，并向两侧厂房延伸，作为场地串联纽带

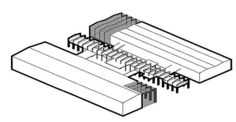

入口重塑：
两栋厂房的入口空间植入新型材料（半透明

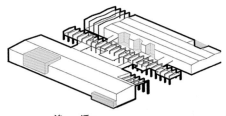

渗　透：
平台的处理手法渗透到两侧厂房，"推出"体块，嵌入"庭院"

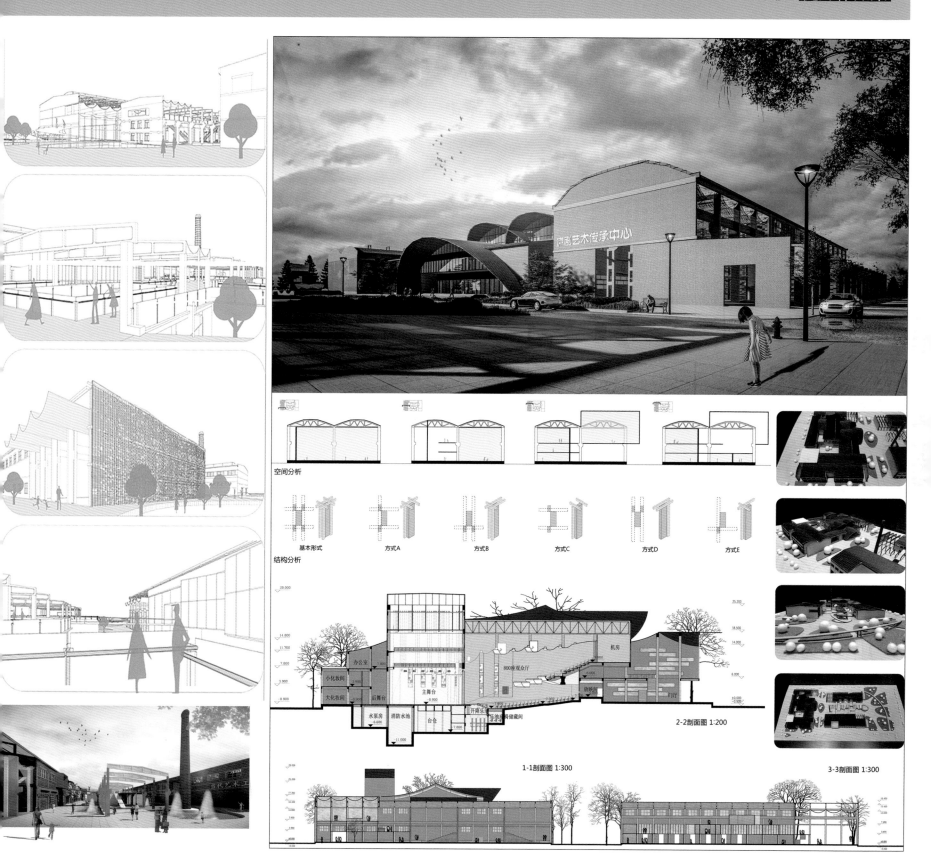

空间分析

基本形式　　　方式A　　　方式B　　　方式C　　　方式D　　　方式E

结构分析

办公室
小化妆间
大化妆间
主舞台
后舞台
水泵房
消防水池
台仓
开降乐池
800座观众厅
机房
放映间
门厅
储藏间

2-2剖面图 1:200

1-1剖面图 1:300　　　　　　　　　　　　　　3-3剖面图 1:300

参赛人员：高　翔　黎翰林
指导老师：韩　玲　桂汪洋

烟台记忆库

基于城市形态织补与场所记忆弥合下的城市设计

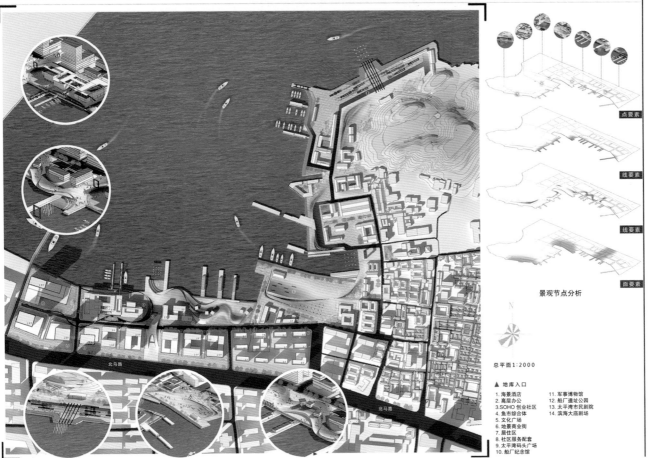

点要素

线要素

线要素

面要素

景观节点分析

总平面1:2000

▲ 地库入口

1. 海景酒店
2. 高层办公
3. SOHO 创业社区
4. 鱼市综合体
5. 文化广场
6. 地景商业街
7. 居住区
8. 社区服务配套
9. 太平湾码头广场
10. 船厂纪念馆
11. 军事博物馆
12. 船厂遗址公园
13. 太平湾市民剧院
14. 滨海大庙剧场

北马路

北马路

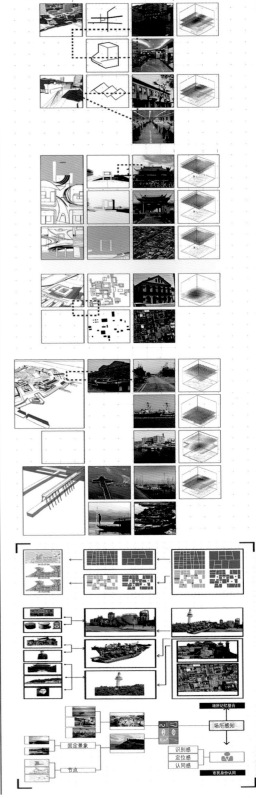

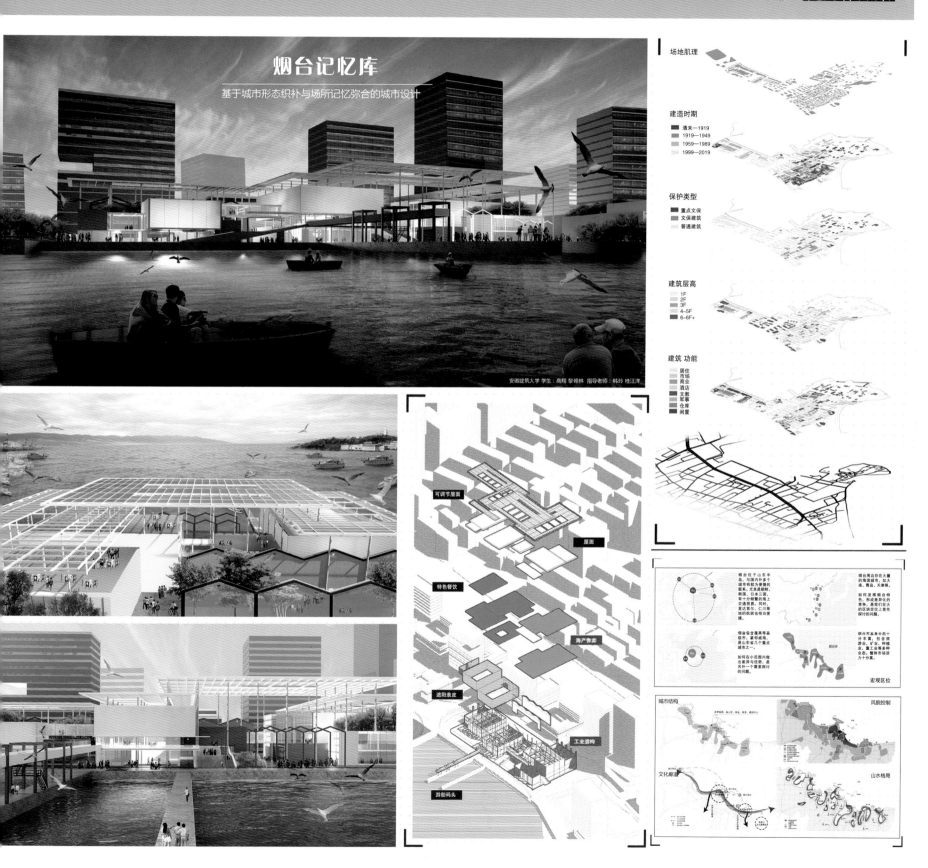

烟台记忆库

基于城市形态织补与场所记忆弥合的城市设计

安徽建筑大学 学生：高翔 黎翰林 指导老师：韩玲 桂汪洋

场地肌理

建造时期
- 清末—1919
- 1919—1949
- 1959—1989
- 1999—2019

保护类型
- 重点文保
- 文保建筑
- 普通建筑

建筑层高
- 1F
- 2F
- 3F
- 4—5F
- 6—6F+

建筑 功能
- 居住
- 市场
- 商业
- 酒店
- 文教
- 军事
- 仓库
- 闲置

可调节屋面
屋面
特色餐饮
海产售卖
遮阳表皮
工业遗构
游船码头

宏观区位

城市结构   风貌控制

文化廊道   山水格局

参赛人员：夏斯涵　潘璐冉　主曼婷　刘颖杰
指导老师：王　薇

棱镜之间——可持续生态园设计

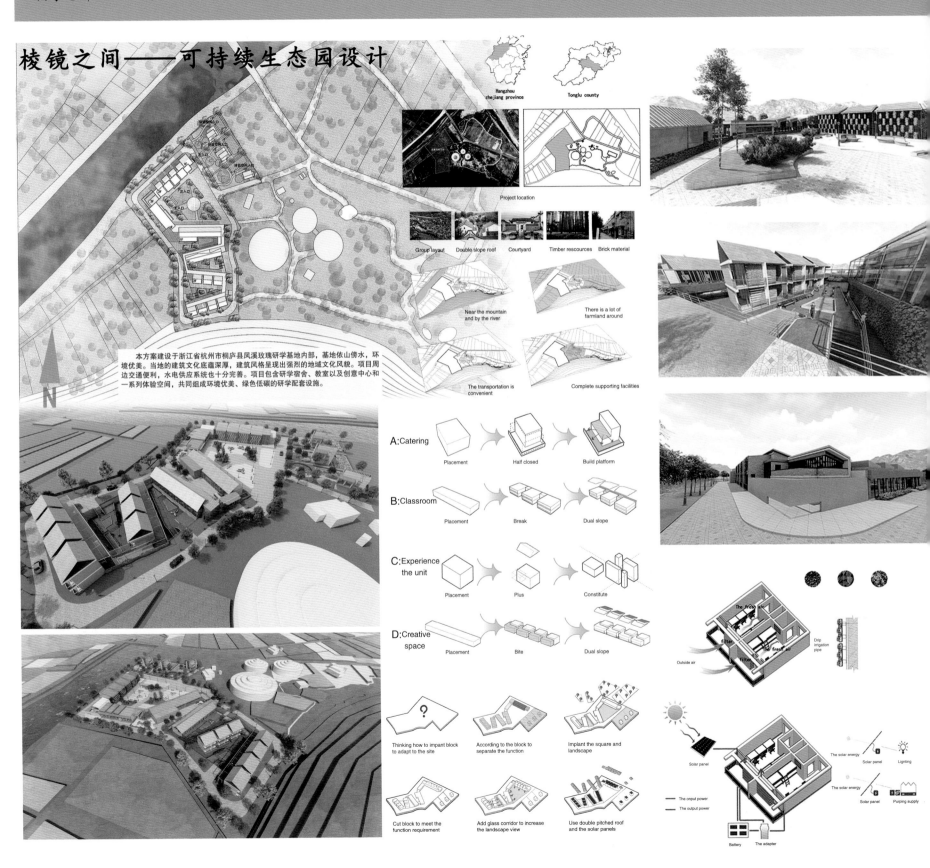

Hangzhou zhejiang province

Tonglu county

Project location

Group layout　Double slope roof　Courtyard　Timber rescources　Brick material

Near the mountain and by the river

There is a lot of farmland around

本方案建设于浙江省杭州市桐庐县凤溪玫瑰研学基地内部，基地依山傍水，环境优美。当地的建筑文化底蕴深厚，建筑风格呈现出强烈的地域文化风貌。项目周边交通便利，水电供应系统也十分完善。项目包含研学宿舍、教室以及创意中心和一系列体验空间，共同组成环境优美、绿色低碳的研学配套设施。

The transportation is convenient

Complete supporting facilities

A:Catering　　Placement　Half closed　Build platform

B:Classroom　Placement　Break　Dual slope

C:Experience the unit　Placement　Plus　Constitute

D:Creative space　Placement　Bite　Dual slope

The fresh air　filter　The fresh air　Outside air　filter　Drip irrigation pipe

Thinking how to impant block to adapt to the site

According to the block to separate the function

Implant the square and landscape

Cut block to meet the function requirement

Add glass corridor to increase the landscape view

Use double pitched roof and the solar panels

Solar panel　The solar energy　Solar panel　Lignting

The solar energy　Solar panel　Purping supply

The onput power　The output power

Battery　The adapter

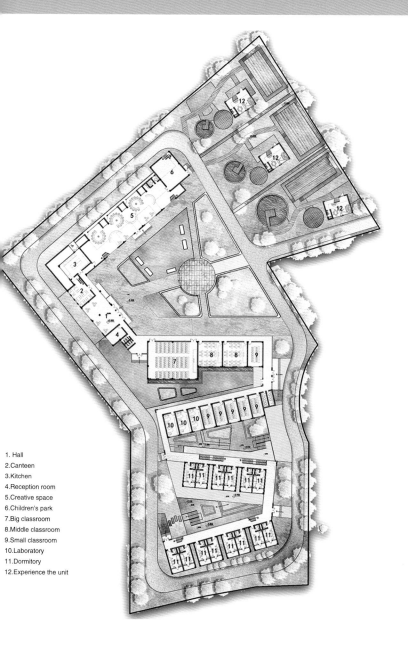

1. Hall
2. Canteen
3. Kitchen
4. Reception room
5. Creative space
6. Children's park
7. Big classroom
8. Middle classroom
9. Small classroom
10. Laboratory
11. Dormitory
12. Experience the unit

SOUTH ELEVATION 1：350

EAST ELEVATION 1：350

A-A SECTION 1：350

梨生集 ——果品市场展销搭建平台01
Containers for Pear Tree Growth
—— Platform for Fruit Market Exhibition and Sales 01

2019UIA-CBC
International Colleges and Universities
Competitive Construction Workshop

设计说明：

搜取周边肌理与建筑元素，营造庭院以点缀不断向两端生长的展销空间，赏入交流场所，以促进不同人群之间的交流，打造沿路观光线，以提高乡村旅游的多样性和体验感。

建筑结构抽象地回应了梨树形态。屋架之间横向连接形成模块空间，屋架结构下置入盒子体系，实现果品展览功能。通过参数化手段来控制屋架的几何逻辑和衍生秩序，批量导出数据与施工机器对接，将工厂预制模块按照标号系统进行现场搭建。

Extract the surrounding texture and architectural elements,create courtyard to embellish the growing exhibition space, design communication sites to promote communication between different groups,and create sightseeing along-the-road, so as to improve the diversity scenery and experience of rural tourism.

Architectural structure abstractly responds to the pear tree form, the horizontal connection between the roof trusses form a modular space, and the box system is placed under the roof truss structure to realize the fruit exhibition.The geometric logic and derivative order of the roof truss are controlled by parameterized means. The data are exported in batches and docked with construction machines. The prefabricated module of the factory is built on site through labeling system.

区位分析　Local analysis

周边肌理　Peripheral texture

"梨生集"项选基地位于栗园镇系园村的庭园树规划设计场地，坐落在整个规划地的东南面，距离城镇入口以及交通主干道较近。在乡村发展的过程中，果园村园庭庭庭的业态方初级单一的问题，果园庭需活性激活。

The selected name of Lishengji is located in the landscape upgrading planning site of Orchard Village in Aiyuan Town, located in the southeast corner of the planning site,and is close to the entrance of the site and the main road in traffic. Orchard Village is known as "Pear Garden of One Hundred Years". However, in the process of rural development orchard villages are faced with relatively primary and single-problem, the hinterland of orchard forests need to be activated urgently.

自然条件　Natural condition

周边分布着大小不一的梨树
Pear trees of varying sizes are scattered around village.

二合院、三合院、四合院
Two houses, patio courtyard, quadrangle dwellings

双坡屋顶
Double pitched roof

道路流线　Road streamline

南京路——连接爱园镇的主要道路
Nanjing Road: Main road connecting Aiyuan Town

村内主要道路
Main roads in the village

北边水系
Northern drainage system

村内次要道路
Secondary roads in villages

外部游览视点　External perspective

西南侧
Southwest side

南侧
South side

东南侧
Southeast side

服务人群 & 功能定位　Population & Function

Tourist
Resident
Pedlar

展销集市（Exhibition Fair）
销售集园水果的衍生产品（果茶、果糖）兼展示加工流程以供游客体验。

交流容器（Exchange Container）
不同人群之间的交流互动，村民与游客闲聊，游客同商贩洽谈，村民同商贩沟通。

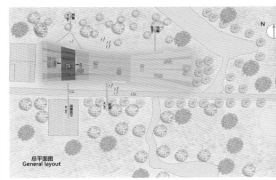

总平面图
General layout

功能分区：

A经销商　　B经销商　　C经销商　　D经销商　　E经销商
F经销商　　G经销商　　展览交流

拓展演变：

"梨生集"果品展销平台市场是一个可以不断生长的建筑，基于模数化与参数化的设计手段，建筑构件可通过参数化演变而精准获得，从而进行模块的快速组装。

Containers for Pear Tree Growth exhibition platform is a growing building. Based on modular and parametric design methods, building components can be accurately acquired through parametric evolution,so as to carry out the rapid assembly of modules .

本次搭建单元　第二阶段拓展　第三阶段拓展　第四阶段拓展

二接节点　　三接节点　　四接节点　　五接节点

通过参数化设计可以快速、准确地生成搭建所需要的各不相同的节点，利用这些节点以实现我们搭建具有丰富变化形态的建筑。

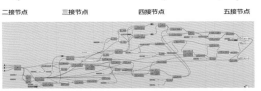

连接节点参数化生成
Parametric Design of Overlap Joints

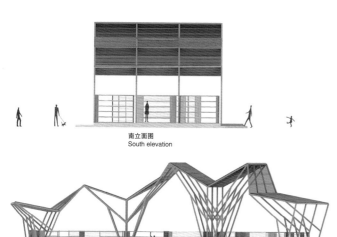

南立面图
South elevation

东立面图
East elevation

西向剖面图
West section

2019UIA-CBC
International Colleges and Universities
Competitive Construction Workshop

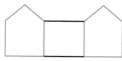

1. 提取周边建筑语言
raction of peripheral architectural language

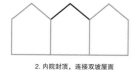

2. 内院封顶，连接双坡屋面
The roof of the inner courtyard is sealed to connect the sloping roof

3. 梨树枝丫演变为建筑结构
r tree branches evolve into architectural structures

4. 体系交错变形，形成采光空间
Interlacing deformation of system to generate lighting space

本次搭建单体：
Unit display

N

平面图
Plan

梨生集 ——果品市场展销搭建平台03
Containers for Pear Tree Growth
—— Platform for Fruit Market
Exhibition and Sales 03

"梨生集"最终拓展形态

设计策略：
Design strategy

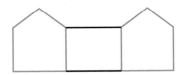

1. 提取周边建筑语言
Extraction of peripheral architectural language

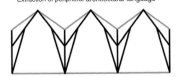

3. 梨树枝丫演变为建筑结构
Pear tree branches evolve into architectural structures

功能分区：
Functional zoning

| A 经销商 | B 经销商 | C 经销商 | D 经销商 | E 经销商 |
| F 经销商 | G 经销商 | 展览交通 | | |

拓展演变：
Development & Evolution

　"梨生集"果品展销平台市场是一个可以不断生长的建筑，基于模数化与参数化的设计手段，建筑构件可通过参数化演变而精准获得，从而进行模块化的快速组装。

　Containers for Pear Tree Growth product exhibition platform is a growing building. Based on modular and parametric design methods, building components can be accurately acquired through parametric evolution, so as to carry out the rapid assembly of modules.

本次搭建单元　　第二阶段拓展　　第三阶段拓展　　第四阶段拓展

本次搭建单体：
Unit display

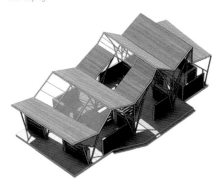

局部透视：
Local perspective

梨生集

Containers for Pear Tree Growth

立面及剖面图:
Elevation map & Section map

2. 内院封顶，连接双坡屋面
The roof of the inner courtyard is sealed to connect the sloping roof

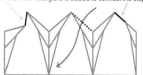

4. 体系交错变形，形成采光空间
Interlacing deformation of system to generate lighting space

2019UIA-CBC
International Colleges and Universities
Competitive Construction Workshop

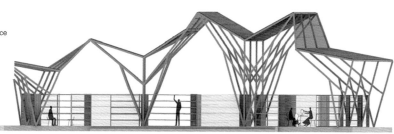

南立面图
South elevation

东立面图
East elevation

节点构造:
Node construction

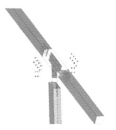

底部固定（Bottom fixation） 杆件连接（Rod connection）

二接节点　三接节点　四接节点　五接节点

通过参数化设计可以快速、准确地生成搭建所需要的各不相同的节点，利用这些节点实现具有丰富变化形态的建筑。

Different nodes were built quickly and accurately by parametric design. These nodes vary shapes of Building.

连接节点参数化生成
Parametric design of overlap joints

平面图
Plan

西向剖面图
West section

建造选材:
Construction material selection

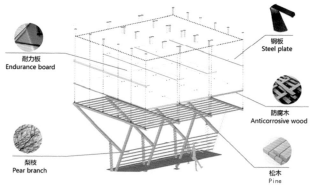

耐力板
Endurance board

钢板
Steel plate

防腐木
Anticorrosive wood

梨枝
Pear branch

松木
Pine

参赛人员：黄琪越
指导老师：高业田　桂汪洋

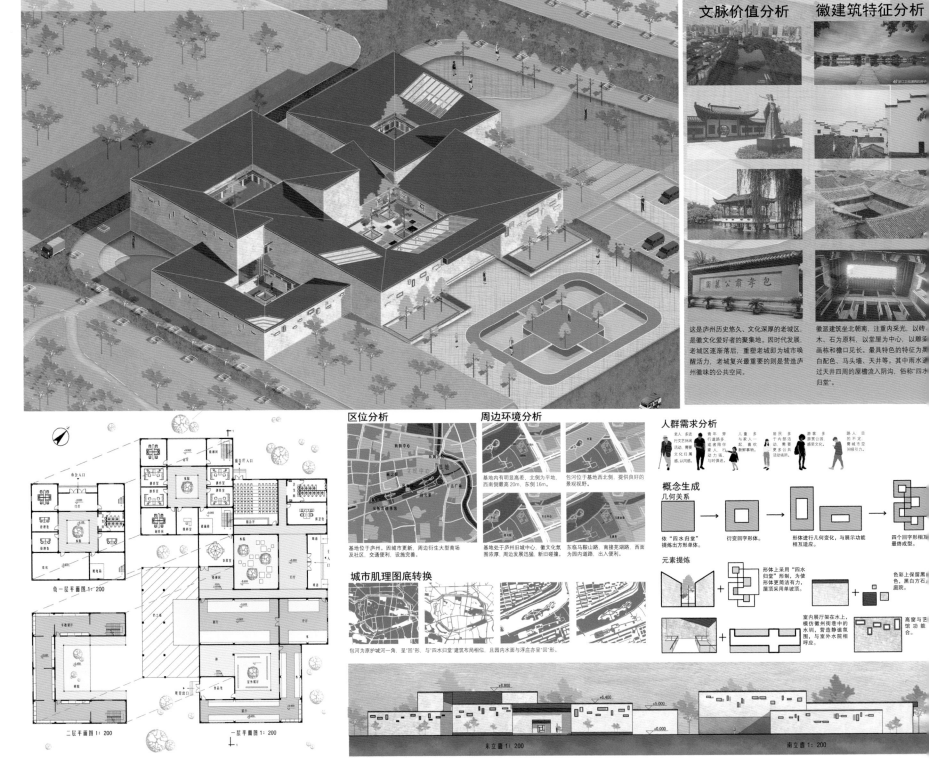

"回" 韵
——小型徽文化美术馆设计壹

文脉价值分析　徽建筑特征分析

这是庐州历史悠久、文化深厚的老城区，是徽文化爱好者的聚集地。因时代发展，老城区逐渐落后，重塑老城即为城市唤醒活力，老城复兴最重要的则是营造庐州徽味的公共空间。

徽派建筑坐北朝南，注重内采光，以砖、木、石为原料，以堂屋为中心，以雕琢画栋和楼口见长。最具特色的特征为黑白配色、马头墙、天井等。其中雨水通过天井四周的屋檐流入阴沟，俗称"四水归堂"。

区位分析

基地位于庐州。因城市更新，周边衍生大型商场及社区，交通便利，设施完善。

周边环境分析

基地内有明显高差，北侧为平地，西南侧最高20m，东侧16m。

包河位于基地西北侧，提供良好的景观视野。

基地处于庐州旧城中心，徽文化氛围浓厚，周边发展迅猛，新旧碰撞。

东临马鞍山路，南接芜湖路，西面为园内道路，出入便利。

城市肌理图底转换

包河为原护城河一角，呈"回"形，与"四水归堂"建筑布局相似，且园内水面与浮庄亦呈"回"形。

人群需求分析

老人 多进行道路步行活动，需要文化归属感、认同感。

青年 爱行文艺休闲活动，有城市自身的动力属性。

儿童 多与家人一起，喜爱新鲜事物，与时俱进。

居民 多于市郊活动，需要更多公共活动场所。

游客 多游览公园，感受文化。

路人 日的不定，需城市公共空间增加吸引力。

概念生成
几何关系

依"四水归堂"提炼出方形单体。

衍变回字形体。

形体进行几何变化，与展示功能相互适应。

四个回字形相互叠加，最终成型。

元素提炼

形体上采用"四水归堂"形制，为使形体更简洁有力，屋顶采用单坡顶。

室内展厅架在水上，模仿徽州街巷中的水圳，营造静谧氛围，与室外水院相呼应。

色彩上保留黑白色，黑白方石围合成庭院。

高窗与艺展馆功能相呼应。

平面图

负一层平面图 1:200

二层平面图 1:200

一层平面图 1:200

立面图

+8.800　+6.400　+5.000　+0.000

东立面 1:200

南立面 1:200

艺术馆总览如图所示：不规则的方窗，黑瓦、白墙的配色

栅格在光下投下斑驳的影子，透过花窗可隐约看到庭院的美景

展厅静谧，木制地板下是引流包河的水池

水上展厅，转角处为展览平台，光给展品镀上了金色

在二层专题展厅，向远处眺望，可观赏水院全景

室外展墙，围绕着中心的大树

"回" 韵 ——小型徽文化美术馆设计贰

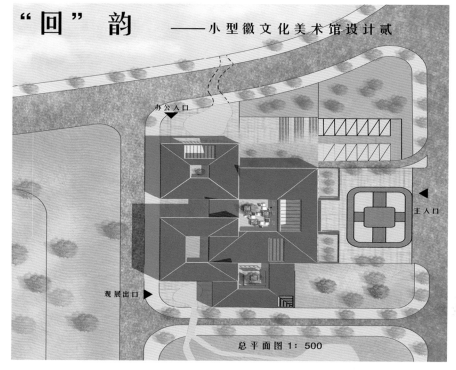

办公入口

主入口

观展出口

总平面图 1：500

流线分析

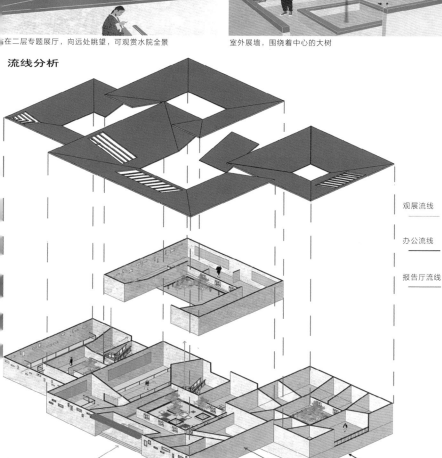

观展流线

办公流线

报告厅流线

庭院分析

水院壹
中心庭院
围绕组织
观赏流线
传统回字形

树院
第二层院
可接触性
对比水院
三面半围合

展院
室外展览
产生互动
前驱空间
L形半围合

水院贰
次入口处
贯穿双层
办公景观
回形半围合

体块生成

单元紧乘

体量错动

相互咬合

雕琢细部

功能分区

展览空间

办公空间

庭院空间

辅助空间

采光分析

灰空间直接采光

庭院天井采光

展厅侧窗采光

结构分析

侧面：柱与框架斜接

正面：规律，柱跨1\5

视线分析

水上展厅

廊与庭院

异层廊间及庭院

单元分析

回形空间利于
引导人流，丰
富展览空间

横向反竖向拉伸
变异，切合功能

局部进行切割
和单元互咬

参与老师：桂江洋　周庆华　解玉琪　高业田

场所环境	⇄ 场地的感知 / 功能复合性	功能空间	⇄ 行为的认知 / 空间的互动	行为模式

课题讲解	调研汇报	设计辅导	专题讲座	课堂讲评	课程总结
1.任务书解读	1.环境调研	1.课堂辅导	1.典型案例分析	1.成果控制	1.课程展评
2.课题讲解	2.场地选择	2.构思形成	2.环境专题讲座	2.成果展示	2.专家点评
3.题目分组	3.场地分析	3.快题训练	3.环境行为研究	3.成果汇报	3.成绩评定
4.案例研究	4.调研汇报	4.多方案比较	4.针对性指导	4.专家点评	4.师生交流

"建筑设计的核心价值在于其传授的建筑设计工作方法，包括设计价值观、设计操作程序、设计媒介运用以及语言描述体系。"教学的重点从手法训练向专业综合能力培养转变，帮助学生建立清晰的设计观念、形式逻辑，培养把控设计全过程的能力。设计从环境出发，找到切入点，建立环境与空间的逻辑关系。

教学组织流程　TEACHING PROCESS

教学过程			教学内容	教学组织与安排	

环境认知与调研分析 — 第一周 — 阶段一

- 解读任务书
- 明确教学目标
- 分组调研场地
- 进行场地分析

- 工作室分开讲题
- 集中讲授设计原理
- 分组调研现场
- 明确教学进程

案例研究与方案构思 — 第二周 — 阶段二

- 分析案例
- 形成构思
- 多方案比较
- 完成一草

- 案例分析讲座
- 概念构思启发
- 组织讨论评图
- 分组指导

调研分析与方案生成

场地应对与空间生成 — 第三周 / 第四周 — 阶段三

- 场所行为研究
- 明确方案方向
- 功能流线组织
- 空间形态推敲
- 完成二草

- 场所专题讲座
- 空间模式解析
- 空间策略研究
- 建构知识认知

整合设计与技术建构 — 第五周 — 阶段四

- 深化空间设计
- 明确结构体系
- 推敲方案细节
- 掌握技术措施
- 形成定稿图

- 技术专题讲座
- 结构知识灌输
- 空间与行为讨论
- 明确深化方案

场所认知与空间操作

整合设计与技术建构 — 第六周 — 阶段五

- 推敲正图排版
- 补充成果内容
- 加强图纸表现
- 注重模型表达
- 完成正图

- 设计进度控制
- 图纸深度控制
- 正图制作
- 年级评图

设计表达与评价反馈 — 第七周 / 第八周 — 阶段六

- 组织评图
- 成果交流
- 总结与反思

- 年级成绩评定
- 教学反馈与总结
- 师生交流
- 优秀作业展

场所呈现与成果表达

匠心築境

建筑与规划学院 优秀作品集

场所环境

功能空间

行为模式

成果展示 ACHIEVEMENT DISPLAY

作业一

回望　以场地特点为主的小型美术馆设计

01

设计说明：场地位于安徽宜城市泾县查济村内，建筑群内古建筑保存较好且保留原有居民生活。本次课题选址在查济村内，建设具有徽派特色的小型美术馆，提取徽派建筑及院落群生成理念，欲采用营造如水院、展院、景观院和廊道空间的空间手法。

总平面图1：1000

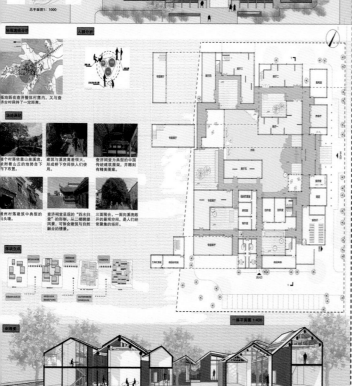

作业二

"回"韵 ——小型徽文化美术馆设计

设计说明：通过对文化类公共空间的创新，以现代手法体现传统徽城文脉，营造出徽味十足的展览空间，从而为庐州老城区的复兴烘托艺术氛围。

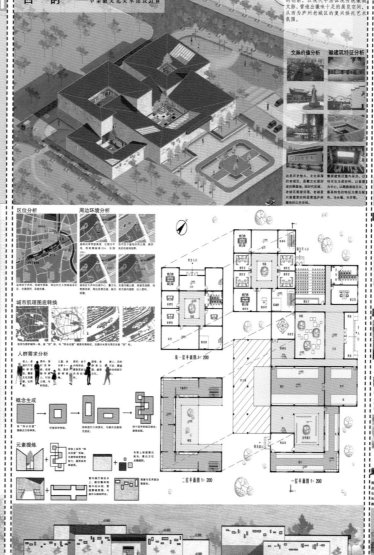

作业三

徽故里文化美术馆

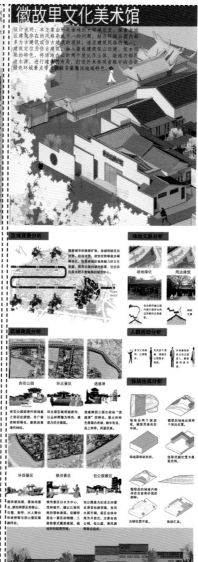

参与老师：解玉琪　王　薇　戴　慧　周庆华　钟　杰
教案编纂：徐雪芳

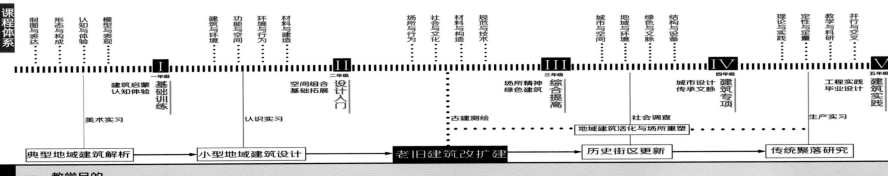

课程体系

制图与表达　形态与构成　认知与体验　模型与表现｜建筑与环境　功能与行为　环境与行为　材料与构造｜场所与空间　社会与文化　材料与构造　规造与技术｜城市与空间　地域与文脉　绿色与环境　结构与设备｜理论与实践　定性与定量　教学与科研　并行与交叉

一年级 Ⅰ 基础训练　二年级 Ⅱ 设计入门　三年级 Ⅲ 综合提高　四年级 Ⅳ 建筑专项　五年级 Ⅴ 建筑实践

建筑启蒙 认知体验　空间组合 基础拓展　场所精神 绿色建筑　城市设计 传承文脉　工程实践 毕业设计

美术实习　认识实习　古建测绘　社会调查　生产实习

(地域建筑)活化与场所重塑

典型地域建筑解析 → 小型地域建筑设计 → 老旧建筑改扩建 → 历史街区更新 → 传统聚落研究

任务设置

一、教学目的

·树立建筑遗产保护意识，建立保护观念
　结合古建筑测绘实习，了解遗产保护现状以及未来发展趋势，从而在建筑设计中树立建筑遗产保护意识。

·关注地域建筑文化特征，挖掘场所精神
　针对徽州地区传统建筑进行改扩建，具有社会、文化方面的象征意义，应紧密结合具体地段的历史、人文和地域文化特征，把握建筑与经济、社会、政治、文化、民俗等因素的相互关系，发掘建筑在文化和艺术上的功用和潜力。

·把握新旧建筑共生关系，培养创意能力
　运用建筑设计知识，巧妙利用各种设计要素与创作手段，合理组织内部功能、流线、空间，在满足新旧共生的同时，设计出具有创意的形式和空间。

·探讨徽州建筑的当代应用，传承徽州文化
　通过设计，促使学生关注徽州建筑文化，了解徽州建筑布局、形象、结构、人文等特征，进而探讨徽州建筑的保护与应用，并引导学生自觉地以徽州建筑文化为原型进行创作，丰富设计内涵，展现地方传统文化底蕴。

二、设计内容

　地块位于屯溪老街核心保护区风貌控制区内，毗邻屯溪老街。基地由枫树巷划分为两个地块。基地内枫树巷肌理要求保留，还有一处民国时期名人故居建筑也要保留，另外中医院老门诊楼外立面要求保留，共同构成历史风貌建筑遗存不同时期的记忆。现拟改建成游客接待与徽文化展示中心及配套休闲会馆，或旅馆、文化服务等建筑空间，拓展老街旅游功能及满足文化发展的需要。
　功能配置可结合调研及总体规划自行拟定，总建筑面积控制在 3000 ㎡ 左右，容积率不超过 1.0。可设计成单栋综合性建筑，也可考虑小的建筑群落。

三、设计要求

　设计构思应从总体环境出发，体现特有环境语境下的建筑形式；注意基地内传统建筑遗存的活化使用，基地环境与周边传统街区建筑的关系需细致分析，对基地环境进行合理整治，提取关键影响因子，保持屯溪老街建筑群体风貌的完整性；新建建筑沿延立路整体高度不得超过 15 m；整体设计应尽量保留街巷肌理，丰富徽州传统建筑文化内涵。

基地条件

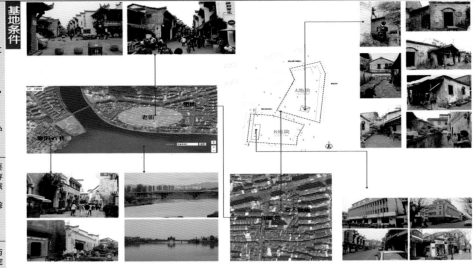

教学特色

1. 从传统中学习，对当地传统建筑进行测绘与解析

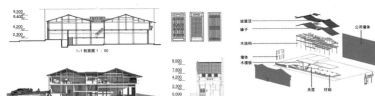

2. 强调地域文化，提取徽质因子

3. 开放式任务设置，鼓励学生在充分调研的基础上自行确立设计主题

4. 以科研促教学，促进学生研究方法和新技术手段的运用

环境认知地图　情感评价地图
关键节点分析　行为注记图　　+　计算机模拟　→　辅助建筑设计
SD 分析法

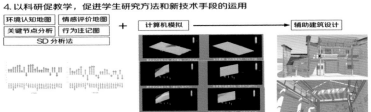

案例分析

1. 成都太古里

　从都市更新和公共空间创建的角度，落实更具开放性、包容性、公共性和聚落特质的都市计划，营造开放街区、新旧融合、快慢呼应、文化传承、空间共享的富于历史文化氛围的都市空间，着重于公共空间与街巷空间场所营造。

2. 董氏义庄茶室

　新建筑室内外高低穿插，形成有趣的空间变化。大面积砖砌的窗花外墙，开敞的露台屋顶，简朴、直率、谦虚地作为古建筑群的衬托，新和旧统一、协调，却又彰显着区别。

3. 水井坊改造

　以民居建筑尺度为参照，采用聚合小体量，缝合相邻历史街区肌理，结合院落转换室内外空间，丰富空间体验。保留原有街道尺度，运用地方材料、民居元素和现代材料，在延续传统技术基础上发展当代建构方式。

4. 黎阳古街改造

　根据当地建筑特征，以民居的基本单元模块特征为基础，因地制宜自由生长，使建筑间街巷空间曲折、蜿蜒。传统和现代元素并置，新与旧材料上的对比和融合，使得建筑环境既有传统氛围，又有现代精神。

匠心築境

建筑与规划学院 优秀作品集

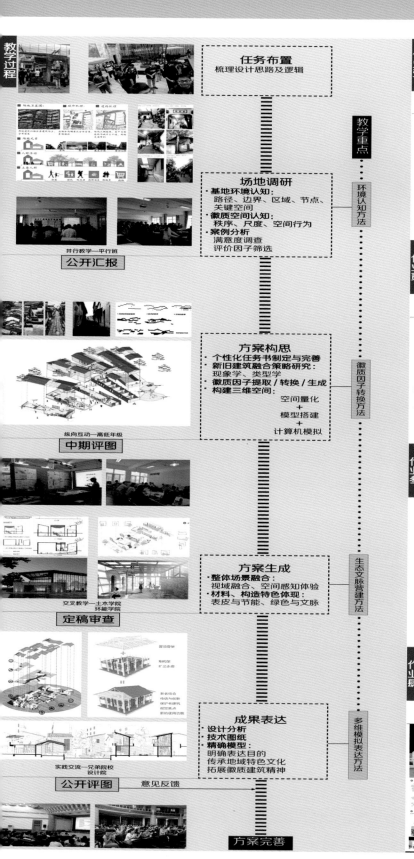

教学过程

任务布置
梳理设计思路及逻辑

并行教学—平行班
公开汇报

场地调研
·基地环境认知：
　路径、边界、区域、节点、
　关键空间
·徽质空间认知：
　秩序、尺度、空间行为
·案例分析
　满意度调查
　评价因子筛选

方案构思
·个性化任务书制定与完善
·新旧建筑融合策略研究：
　现象学、类型学
·徽质因子提取/转换/生成
·构建三维空间：
　空间量化
　＋
　模型搭建
　＋
　计算机模拟

纵向互动—高低年级
中期评图

交叉教学—土木学院
环境学院
定稿审查

方案生成
·整体场景融合：
　视域融合、空间感知体验
·材料、构造特色体现：
　表皮与节能、绿色与文脉

成果表达
·设计分析
·技术图纸
·精确模型
　明确表达目的
　传承地域特色文化
　拓展徽质建筑精神

实践交流—兄弟院校
设计院
公开评图 意见反馈

方案完善

教学重点
环境认知方法
徽质因子转换方法
生态文脉营建方法
多维模拟表达方法

作业壹

作业点评
该设计从屯溪老街传统语境出发，提取天井等徽质空间特征，并引入"透明性"的设计方法，打造多重院落及多义空间。同时为回应老街肌理，设计高低错落的小青瓦坡屋面，以名人故居为空间序列的起点，围绕微景观庭院展开，将新老建筑进行融合，创造出犹如闲庭漫步的空间氛围。

学生体会
本次设计由屯溪老街古建筑测绘实习调研期间对皖南古建筑的深入观察与研究而展开，对传统街区内部分老旧建筑进行改造扩建。设计受传统建筑院落空间及天井空间等徽质空间的启发，提取并升华其庭院特点，以四合院为整体格局，造山引水。通过这次设计对皖南古建筑和新徽派建筑有了更深刻、直观的了解。

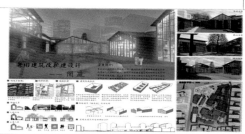

作业贰

作业点评
该设计从社会性和地域性角度出发，针则居民和来客这两类不同的人群的需求，考虑各类人的和谐共生，营造富有徽州传统地域文化特征的建筑空间。在街巷的围合、公共性和私密性的关系等方面也有相应的设计思考，脚本化的场景表达有趣生动。

学生体会
"历史街区改扩建"并不是一个单纯的建筑议题，在拿到任务书之初我便在考虑这一"行为"的社会性与地域性：旧城改造如何让来客与居民和谐"共生"？"商""住"空间之间的权衡贯穿整个课题，对围合、私密、街巷感及业态的理解在老师的指导下得到了加深，同时也引发了对建筑与人关系的更深层次思考。

LIVE IN 巷

作业叁

游廊戏巷 I

游廊戏巷 II

作业点评
方案以徽派建筑、街巷空间为切入点，紧扣"老街记忆"的精神内涵，顺应街区肌理，以拟保留的名人故居为始点，提出"游廊戏巷"的设计概念，整合文化体验、游客接待、餐饮休闲多功能为一体。功能明确，流线清晰，使老建筑在整个设计中生态、活化。

学生体会
从接触课题毫无头绪到经过调研产生大致概念和方向，打算结合传统街巷特质空间，打造新老融合、特色鲜明的地域建筑，同时在新旧建筑结构和材料设计上有了更新认知，整个过程是一个有趣的体验。

作业肆

作业点评
采取民居的肌理特征，通过院落空间的设计，加强场地的生态环境的提升。院落结合建筑，丰富空间层次，体现传统空间特征。采用功能转换策略，提升空间的多义和多用性，考虑环境中人的需求，结合社区活动，丰富日常性空间的场景，提升场所的地域文化特征。

学生体会
为期一周的皖南古建测绘和现场调研给了我不同以往的前期铺垫。在设计中遇到了一些新的难题，如场地问题、老旧建筑利用、历史街区协调等，在进行整体规划的时候，我也对场地密集的肌理与功能定位犹豫良久。最终我选择了以一种相对密集的状态进入场地，对于诸多问题的思考学习，收获良多。

2019 年全国高等学校建筑设计教案和教学成果评选 优秀作业

参赛人员：刘安琪 李一然
指导老师：高业田 桂汪洋

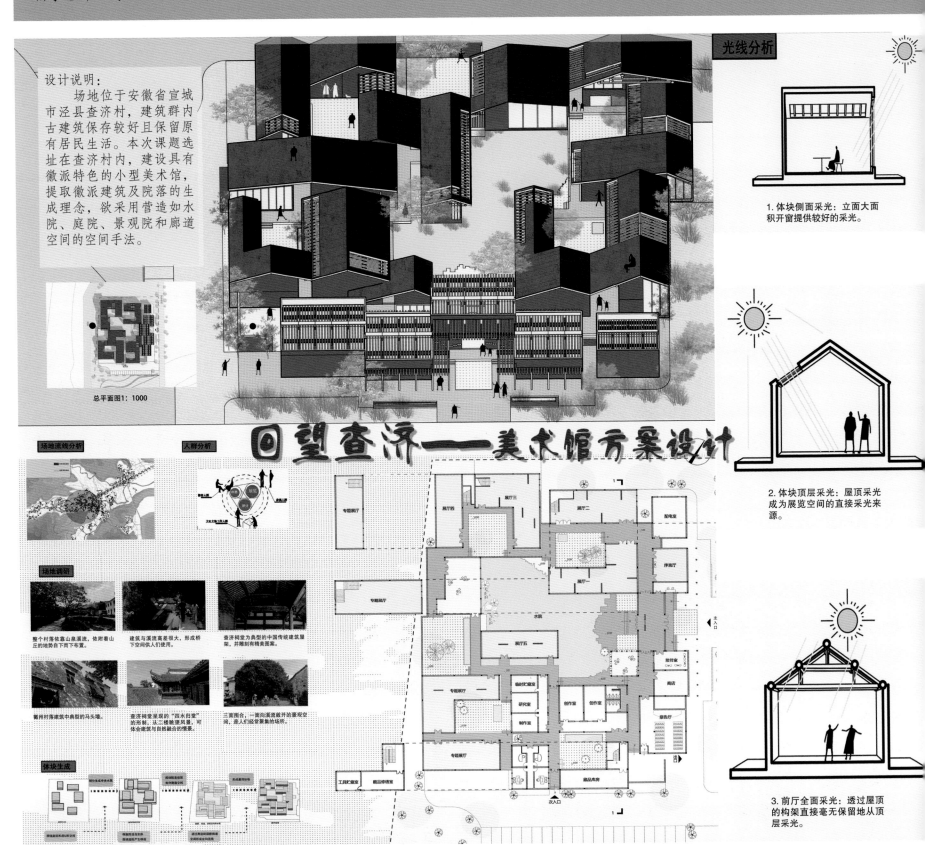

设计说明：

场地位于安徽省宣城市泾县查济村，建筑群内古建筑保存较好且保留原有居民生活。本次课题选址在查济村内，建设具有徽派特色的小型美术馆，提取徽派建筑及院落的生成理念，欲采用营造如水院、庭院、景观院和廊道空间的空间手法。

总平面图1: 1000

光线分析

1. 体块侧面采光：立面大面积开窗提供较好的采光。

2. 体块顶层采光：屋顶采光成为展览空间的直接采光来源。

3. 前厅全面采光：透过屋顶的构架直接毫无保留地从顶层采光。

回望查济——美术馆方案设计

场地流线分析

人群分析

场地调研

整个村落依靠山溪流，依附着山丘的地势自下而上布置。

建筑与溪流高差很大，形成桥下空间供人们使用。

查济祠堂为典型的中国传统建筑屋架，并雕刻有精美图案。

徽州村落建筑中典型的马头墙。

查济祠堂呈现的"四水归堂"的形制，从二楼眺望风景，可体会建筑与自然融合的情景。

三面围合，一面向溪流敞开的景观空间，是人们经营聚集的场所。

体块生成

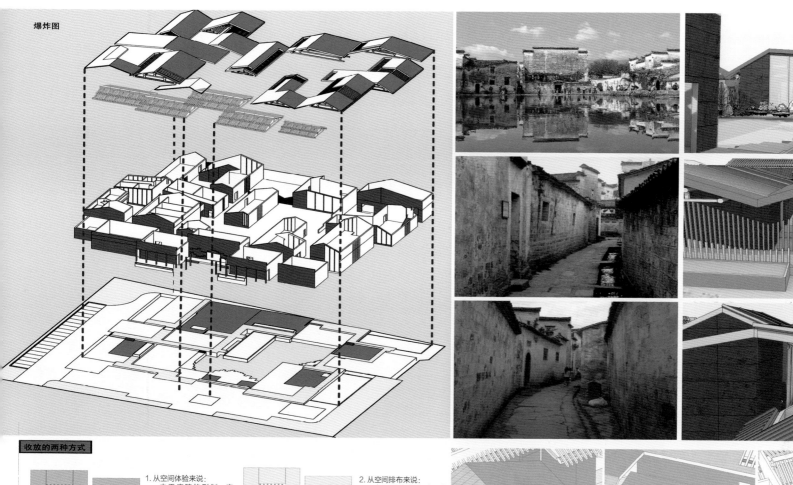

爆炸图

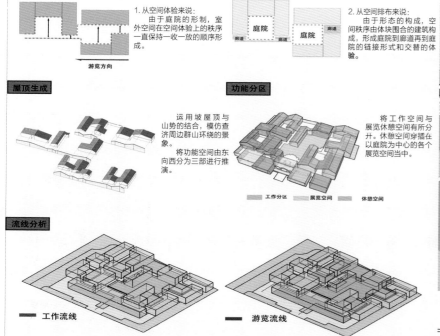

收放的两种方式

1. 从空间体验来说：
由于庭院的形制，室外空间在空间体验上的秩序一直保持一收一放的顺序形成。

2. 从空间排布来说：
由于形态的构成，空间秩序由体块围合的建筑构成，形成庭院到廊道再到庭院的链接形式和交替的体验。

庭院

庭院

游览方向

屋顶生成

运用坡屋顶与山势的结合，模仿查济周边群山环绕的景象。
将功能空间由东向西分为三部进行推演。

功能分区

将工作空间与展览休憩空间有所分升。休憩空间穿插在以庭院为中心的各个展览空间当中。

工作分区　展览空间　休憩空间

流线分析

工作流线

游览流线

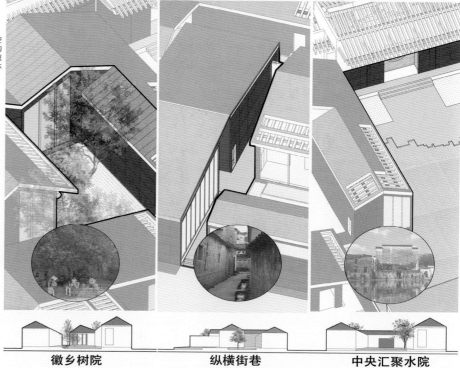

徽乡树院　　　纵横街巷　　　中央汇聚水院

参赛人员：张　诚　窦文杰
指导老师：高业田　桂汪洋

设计说明：
　　本方案由所处场地的大环境出发，探索解决老城区建筑存在的风格杂乱不一的问题，结合环城公园内部多为古建筑或仿古建筑的现状，追求建筑风格的统一，建筑定位为仿古建筑，融入徽派建筑依山而建、依水而居的特色，将场地内部的两个坡比作山体，场地内部再造水源，进行建筑的布局，打造外来参观者眼中的合肥绿色环城景点带和安徽徽派地域特色。

徽故里文化美术馆设计

区域建筑分析

杏花公园

杏花公园因清代李鸿章之侄在此游憩，并广植杏树而得名，建筑保留清代特征。

环西景区

拥有琥珀潭、黑池坝景点，琥珀深潭及其假山、石壁、悬亭、水上舞台和曲桥等与西山景区隔路呼应。

逍遥津

逍遥津因三国古战场"逍遥津"而得名，最大的特色是园内有湖，湖中有岛，岛上有亭，风景优美。

包公园景区

包公园是为纪念北宋著名清官包拯而建，包河水面开阔，总体布局为开放式，园区主要由包公祠、包公墓、清风阁等景点组成。

区域背景分析

随着城市的逐渐扩张，老城传统区位优势、经济优势、政治优势等逐步稀释淡化，但是老城区独具魅力的文化底蕴、商贸云集的城市氛围，注定其仍是合肥不曾偏离的城市中心。

回归老城
回归本源

轴测爆炸图

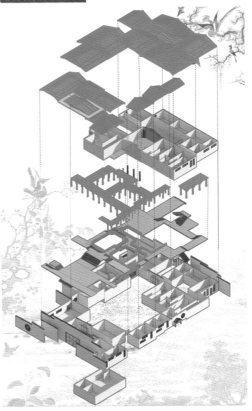

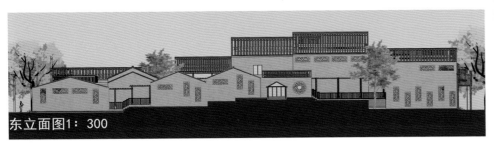

东立面图1：300

匠心築境

建筑与规划学院 优秀作品集

1.直接炫光; 2.一次反射;
3.二次反射

垂直保护角（需大于14°）

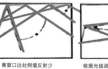

离窗口远处侧墙反射少

根据光线调整画面的角度

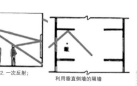

1.直接炫光; 2.一次反射;
3.二次反射

利用垂直侧墙的隔墙

总平面图1:750

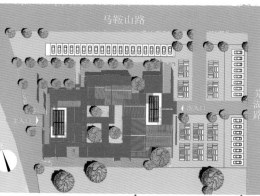

马鞍山路

芜湖路

二层平面图1:300

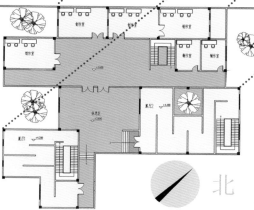

北

一层平面图1:300

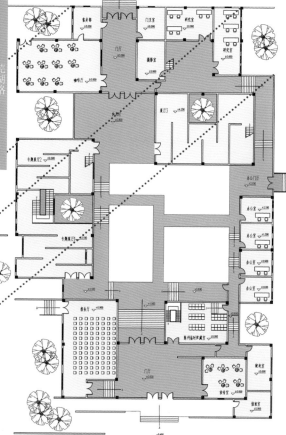

节点分析

从主入口进入门厅后，可以看到一面马头墙，它在引导人流的同时，上面的大面积天窗给予了采光和强烈的光影效果。

门厅进入展馆的空间过渡上，采用月洞门的形式，顺应地形顺势而上的台阶进行空间的收缩，由宽到窄再到宽，使得建筑主体部分给人带来一种豁然开朗的感受。

出了门洞，首先映入眼帘的是中央大庭院，中式廊道增添古典气息。

走过庭院，是一条走道，供已参观普通展的游客通行，狭长的走道营造园林的归属感。

一楼二楼都设有休息室，尤其二楼的休息室可以提供最好的视角，一览全馆，同时，也可以欣赏中央庭院。

展馆内部下垂的灯具可以突出山形的造型设计，灯具的垂坠布置也可以营造空间的高大感。

2019 年长三角大学生上海地标设计大赛　金奖、最佳风貌奖

参赛人员：胡中昱　张仲博　潘　露　丁晓雅　李健祥　许德龙　惠金娇　罗斐然
指导老师：王昊禾

筑梦上海·青春畅想　"幻"会客厅的十二时辰

主办单位：
共青团上海市委员会、共青团江苏省委员会、共青团浙江省委员会、共青团安徽省委员会

竞赛概况

大赛旨在贯彻落实习近平总书记考察上海重要讲话精神和中央决策部署，认真贯彻落实《长江三角洲区域一体化发展规划纲要》，引领教育广大团员青年在切实感受新中国成立70周年取得的巨大成就中增强"四个意识"、坚定"四个自信"、做到"两个维护"。比赛由三省一市团委主办，共青团同济大学委员会承办，共有江浙沪皖三省一市80余所高校200余支团队报名参赛。比赛得到上海市规划和自然资源局、上海广播电视台、华东建筑集团大力支持。比赛历时66天，评选时间之长、参赛队伍之多、群众影响力之大、汇报方式之特别，让学生在社会主义现代化国际大都市的建设实践中促进德智体美劳全面发展。

竞赛历程

院士讲座

专项调研

节目录制

圆桌论坛

媒体报道

32支团队构建世纪广场未来模样

在专业水平与青春汗水里拼出"硬实力"

决赛阶段

夏令营

调研讨论

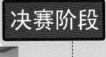

赛前准备

初赛阶段

在理论积累与实践探索中寻找"发言权"

2019.8.16

2019.9.17

2019.7.15

2019.8.18

复赛成果

在思想碰撞与团队协作下初显"真本领"

复赛阶段

方案创作

"逗留"团队

在理想信念和艺术设计中塑造"新青年"

形象拍摄

汇报演出

巅峰之战

作品展示

成果模型

采访展示

颁奖典礼

匠心築境
建筑与规划学院 优秀作品集

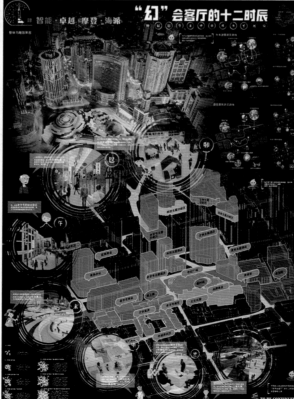

团队简介

胡中昱
安徽建筑大学2017级城乡规划专业
"导员那些事儿"校园公众号负责人，有多次获奖经历

张仲博
安徽建筑大学2015级风景园林专业
设计院实习经历丰富

潘露
安徽建筑大学2017级城乡规划专业
在校学习成绩优秀

丁晓雅
安徽建筑大学2017级城乡规划专业
在校学习成绩优秀

李健祥
安徽建筑大学2015级城乡规划专业
学习成绩优秀，专业基础扎实

许德龙
安徽建筑大学2015级城乡规划专业
专业基础扎实，有多次竞赛获奖经历

惠金娇
安徽建筑大学2015级建筑学专业
学习成绩优秀，有多次竞赛获奖经历

罗斐然
安徽建筑大学2017级建筑学专业
"逗，留"校园文创工作室负责人

指导老师

王昊禾
讲师 合肥工业大学在读博士
创业指导师 指导学生竞赛多次获奖

建筑的演变

基地现状
场地原为农贸市场，环境较为脏乱。北侧靠近河道，南侧为交叉路口。

文化服务
二层为公共文化活动空间，从棋牌放映、体育活动等为当地居民、陪读家长提供生活便利。

清除
拆除北侧废旧的民房，保留几间值得利用的老房子，清理出较多的开放性空间。

共享住宅
为考生提供更舒适的生活条件，有一个私人空间，同时，共享住宅可以满足更多的动态需求。

加建结构
保留原有柱网体系，去除原有的简易屋顶，并根据原有柱网的逻辑插入新的柱网。

外部围合
建筑外部围合以半透明钢化玻璃，空间灵动通透，满足流动性需求。

改造
对老房子进行改造，保留并加固原有墙体，改造成更有味道的零售店和小茶室。

赋予色彩
建筑的色彩根据开放性与心理感受的不同逐层变浅，一层为红色、二层为粉色、三层为白色。

乡村客厅
一层为乡村客厅，高度开放，把住宅中客厅和厨房的功能降到一层，并在一层植入厨房、商铺等。以不规则的配置方式，形成作为非均质场所的内部空间。

屋顶形态
折线形的屋顶和开放的建筑立面，打消了建筑边界感，呈现出欢迎人们进入建筑的姿态。

匠心築境
建筑与规划学院 优秀作品集

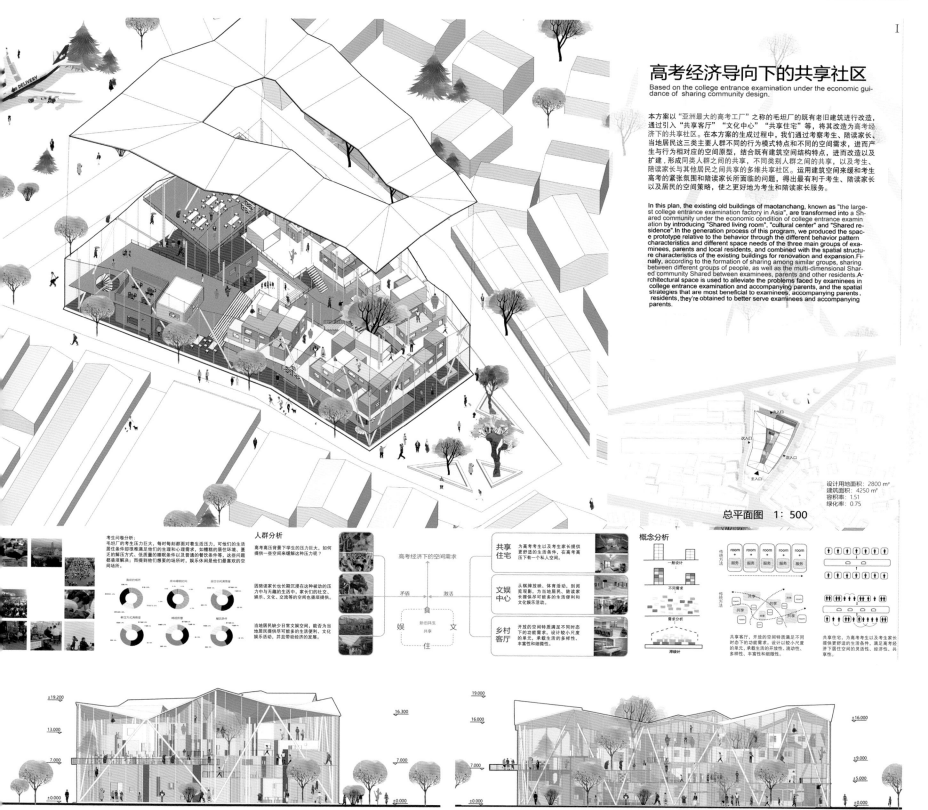

I

高考经济导向下的共享社区

Based on the college entrance examination under the economic guidance of sharing community design.

本方案以"亚洲最大的高考工厂"之称的毛坦厂的既有老旧建筑进行改造，通过引入"共享客厅""文化中心""共享住宅"等，将其改造为高考经济下的共享社区。在本方案的生成过程中，我们通过考察考生、陪读家长、当地居民这三类主要人群不同的行为模式特点和不同的空间需求，进而产生与行为相对应的空间原型，结合既有建筑空间结构特点，进而改造以及扩建，形成同类人群之间的共享，不同类别人群之间的共享，以及考生、陪读家长与其他居民之间共享的多维共享社区。运用建筑空间来缓和考生高考的紧张氛围和陪读家长所面临的问题，得出最有利于考生、陪读家长以及居民的空间策略，使之更好地为考生和陪读家长服务。

In this plan, the existing old buildings of maotanchang, known as "the largest college entrance examination factory in Asia", are transformed into a Shared community under the economic condition of college entrance examination by introducing "Shared living room", "cultural center" and "Shared residence".In the generation process of this program, we produced the space prototype relative to the behavior through the different behavior pattern characteristics and different space needs of the three main groups of examinees, parents and local residents, and combined with the spatial structure characteristics of the existing buildings for renovation and expansion.Finally, according to the formation of sharing among similar groups, sharing between different groups of people, as well as the multi-dimensional Shared community Shared between examinees, parents and other residents.Architectural space is used to alleviate the problems faced by examinees in college entrance examination and accompanying parents, and the spatial strategies that are most beneficial to examinees, accompanying parents, residents, they're obtained to better serve examinees and accompanying parents.

设计用地面积: 2800 m²
建筑面积: 4250 m²
容积率: 1.51
绿化率: 0.75

总平面图 1：500

考生问卷分析：
毛坦厂的考生压力巨大，每时每刻都面对着生活压力大，可他们的生活居住条件却很难满足他们的生理和心理需求，如糟糕的居住环境、匮乏的解压方式、低质量的睡眠条件以及普通的餐饮条件等，这些问题都亟须解决；而提到他们想要的场所时，娱乐休闲是他们最喜欢的空间场所。

人群分析
高考高压背景下学生的压力巨大，如何提供一些空间来缓解这种压力呢？

因陪读家长也长期沉浸在这种被动的压力中与无趣的生活中，家长们的社交、娱乐、文化、交流等的空间也亟须提供。

当地居民缺少日常文娱空间，能否为当地居民提供可能多的生活便利、文化娱乐活动，并且带动经济的发展。

高考经济下的空间需求

矛盾 激活

食 娱 文 住
新旧共生 共享

共享住宅
为高考考生以及考生家长提供更舒适的生活条件，在高考高压下有一个私人空间。

文娱中心
从各种放映、体育活动，到闲观影，为当地居民、陪读家长提供尽可能多的生活便利和文化娱乐活动。

乡村客厅
开放的空间特质满足不同时态下的功能需求。设计以较小尺度的单元，承载生活的开放性、流动性、多样性、丰富性和细微性。

概念分析

一般设计

不同需求

需求分析

再设计

传统方法

room room room room room
+ + + + +
服务 服务 服务 服务 服务

传统方法

共享 共享

共享客厅
开放的空间特质满足不同时态下的功能需求。设计以较小尺度的单元，承载生活的开放性、流动性、多样性、丰富性和细微性。

共享住宅，为高考考生以及考生家长提供更舒适的生活条件，满足高考经济下居住空间的灵活性、经济性、共享性。

北立面图

±19.200
16.300
13.000
7.000
7.000
±0.000

西立面图

19.000
16.000
±16.000
7.000
±9.000
±5.000
±0.000

参赛人员：张　一　陆春华
指导老师：解玉琪

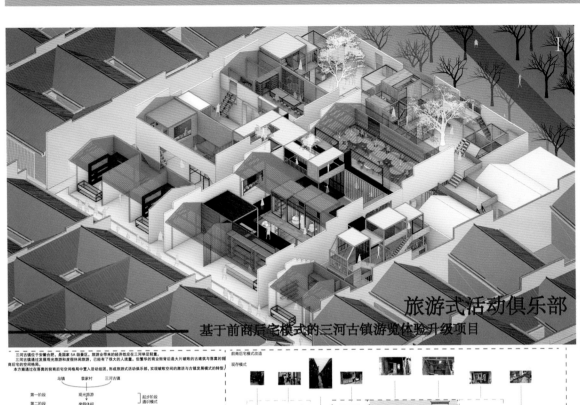

旅游式活动俱乐部

基于前商后宅模式的三河古镇游览体验升级项目

三河古镇位于安徽合肥，是国家5A级景区。旅游业带来的经济效应在三河举足轻重。
三河古镇通过发展观光旅游和度假休闲旅游，已经有了很大的人流量。但繁华的商业背后是大片破败的古建筑与落寞的闲置商后宅的空间格局。
本方案通过在落寞的前商后宅空间格局中置入活动组团，形成旅游式活动俱乐部，实现破败空间的激活与古镇发展模式的转型。

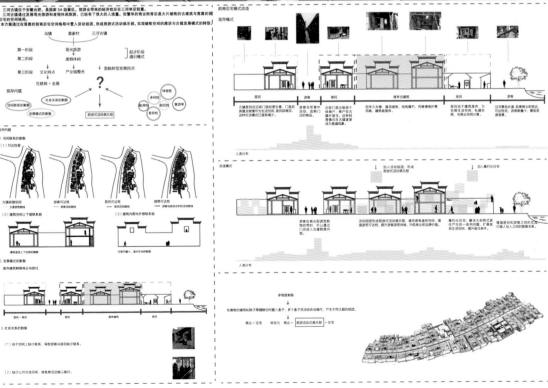

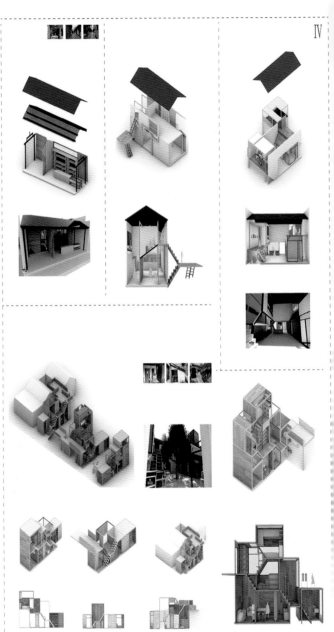

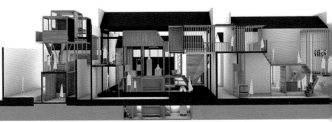

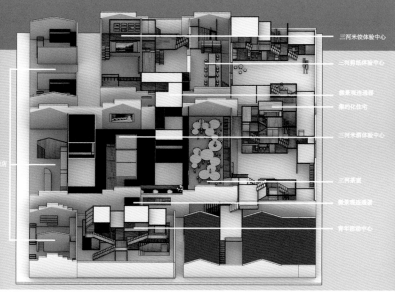

三河米饺体验中心
三河剪纸体验中心
侧景观连廊
集约化住宅
三河米酒体验中心
三河茶室
景景观连廊
青年活动中心

II

旅游式俱乐部
基于前商后宅模式的三河古镇游览体验升级项目

III

古建原有木屋架　保留四榀屋架　置入轻钢结构骨架　布置钢结构梁　组合檩条、椽子　组合屋顶和围合结构

总平面

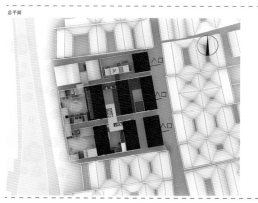

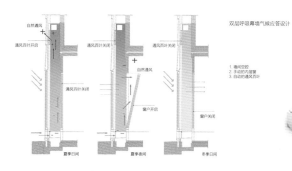

双层呼吸幕墙气候应答设计

自然通风
通风百叶开启

通风百叶关闭

通风百叶关闭

自然通风

通风百叶关闭

窗户开启

窗户关闭

1. 墙间内层窗
2. 手动的内层窗
3. 自动的通风百叶

夏季日间　夏季夜间　冬季日间

2018 年 UIA 霍普杯国际大学生建筑设计竞赛　入围奖

参赛人员：全朝霞　王垣茗　丁世康　惠金娇
指导老师：解玉琪

District Analysis

地图来源: 自然资源部 监制
审图号: GS（2019）1835 号

The plot is located in Nanqili, Laoshan District, Hefei City, Anhui Province, close to the city center, with a prosperous location, convenient transportation and large traffic. The area is close to the Swan Lake administrative district with more jobs, and the nearby universities are dense and have more talent resources.

Traffic Around the Base

Wangjiang Road is on the north side of the site, Jinzhai Road is on the east side, and Feixi Road is on the west side. There are bus stops and subway stations nearby, and the transportation is convenient.

Current Status Around the Base

There are schools and residential areas around the site, and the basic service facilities are perfect, and the location is prosperous, safe and convenient.

用地
办公
商业
学校
居民区

Design Note

The project is located in Nanqili, Hefei City, Anhui Province, a gathering place for young creators.

Here we emphasize the diversity of the community. The residential modules are small and flexible in the community. In addition to the living units, the ubiquitous shared space is distributed among them, inducting people to leave the house, conducting communication collisions, promoting the thinking of young creators, strengthening the contribution to urban development, and becoming the brain of development.

In order to enrich the diversity of the public space, under the condition of ensuring the normal life of the residents, we will target residential units with limit units, leaving more space for organizing shared communication space. Assume that the average apartment area is 48 square meters, divide the space into 16 square meters and 32 square meters of space, 16 square meters of space for ordinary living, 32 square meters of space to share, based on this, we can get a symbolic environment with small independent individual units.

With 6 m×6 m modular customization, 4×6 modules are combined for good lighting and suitable scale of the building, and the floor is designed as six floors to form a building with low-rise and high-density requirements. And combine the terrain of Nanqili to form a giant three-dimensional grid. Considering to improve the use of the shared space in the community and the fun of the space in the building, as well as good lighting and ventilation, remove some boxes, so that the faces of each boxes are not attached to each other, and finally presented in a well-word layout. The public space is closely connected to the house, and the occupants can reach all places quickly and easily.

General layout

Infinite Growing

匠心筑境
建筑与规划学院 优秀作品集

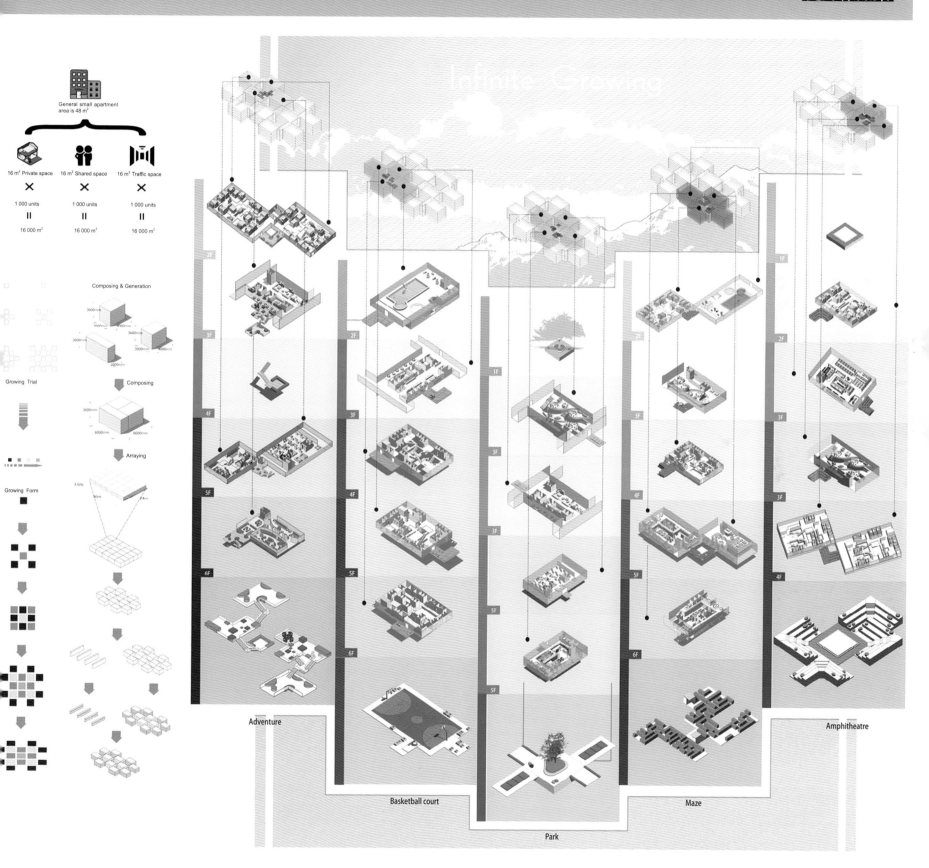

General small apartment area is 48 m²

16 m² Private space × 16 m² Shared space × 16 m² Traffic space
×   ×   ×
1 000 units   1 000 units   1 000 units
=   =   =
16 000 m²   16 000 m²   16 000 m²

Composing & Generation

Growing Trial

Composing

Arraying

Growing Form

Infinite Growing

Adventure

Basketball court

Park

Maze

Amphitheatre

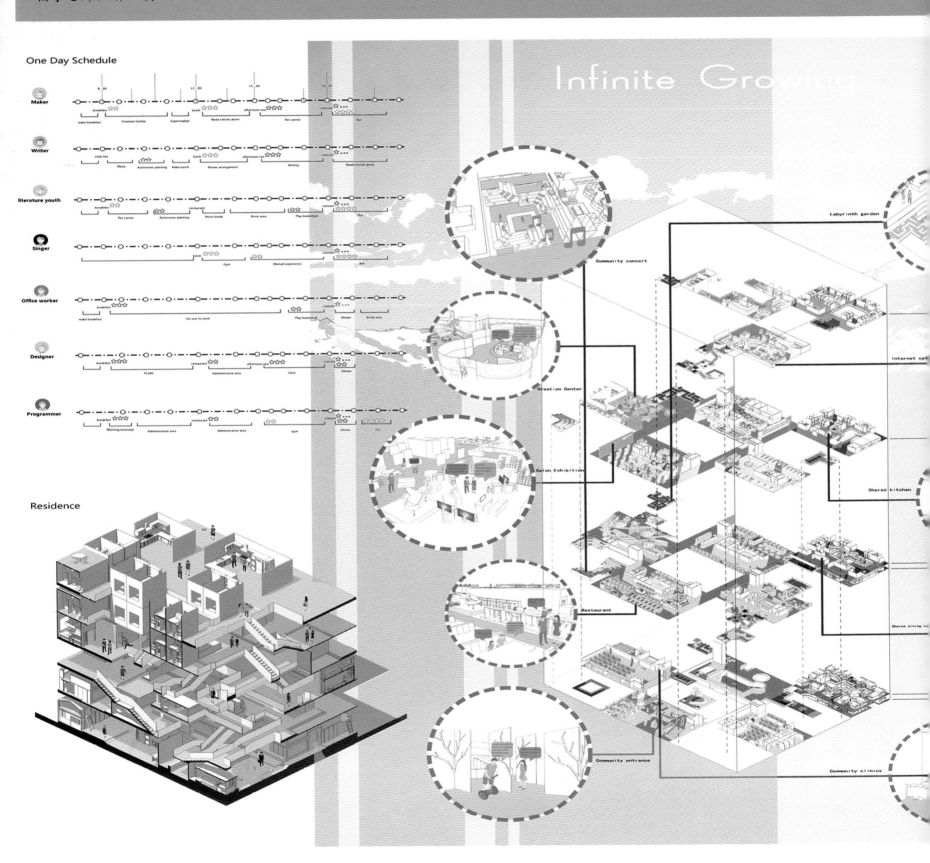

匠心築境
建筑与规划学院 **优秀作品集**

Residential unit

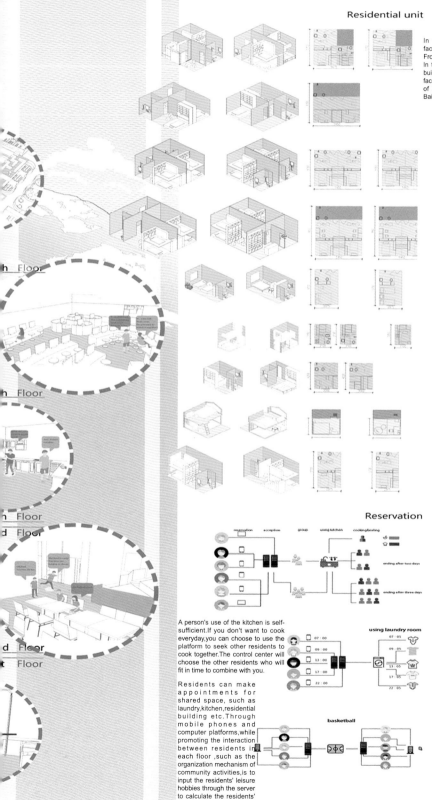

About Nanqili

In the 1950s, Hefei's first industrial plant bearing factory,forging plant and forklift factory started in Nanqi. From then on,Hefei industry started here.
In the 1980s,the Nanqi section began to raise funds to build houses,and the living facilities,education and medical facilities were increasingly completed,forming a fixed circle of life and consumption,such as Hualian Supermarket, Baida Commercial Building.

In the 1990s, hightech squares, golden squares,Bainaohui and other scientific and technological forces were injected, and the science and education resources of the University of Science and Technology were reflected.

Green Lift

In the community, five lifting platforms are set up in the open space of the courtyard.The modules are divided into 6 m×6 m modules, which can be moved to different floors with time,which makes the space more abundant and makes people feel the real space and appearance in the community.

We assign different themes to these liftable platforms.When all the platforms are lifted to the same floor, there will be five themed spaces for adventure, basketball court, central park, fun labyrinth and amphitheatre,providing a variety of outdoor activities for the community.

In addition each platform has a corresponding green plant to improve the ecological environment within the community and to be in harmony with the city.

Reservation

A person's use of the kitchen is self-sufficient.If you don't want to cook everyday,you can choose to use the platform to seek other residents to cook together.The control center will choose the other residents who will fit in time to combine with you.

Residents can make appointments for shared space, such as laundry,kitchen,residential building etc.Through mobile phones and computer platforms,while promoting the interaction between residents in each floor ,such as the organization mechanism of community activities,is to input the residents' leisure hobbies through the server to calculate the residents' free time for organization.

First Floor

1.Residence   2.Hall   3.Supermarket
4.Gym   5.Pet center

Second Floor

1.Residence   2.Office   3.Infirmary
4.Swimming pool

Third Floor

1.Residence   2.Restaurant

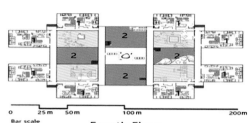

Fourth Floor

1.Residence   2.Over the restaurant

Fourth Floor

1.Residence   2.Exhibition   3.Joint office
4.Creative workshop

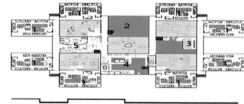

Fourth Floor

1.Residence   2.Over the exhibition
3.Study room   4.Joint office   5.Internet cafe

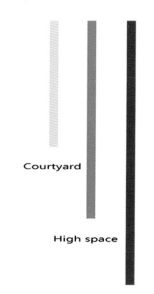

Courtyard

High space

Vertical traffic space

参赛人员：赵夏炎
指导老师：凤元利　夏季芳

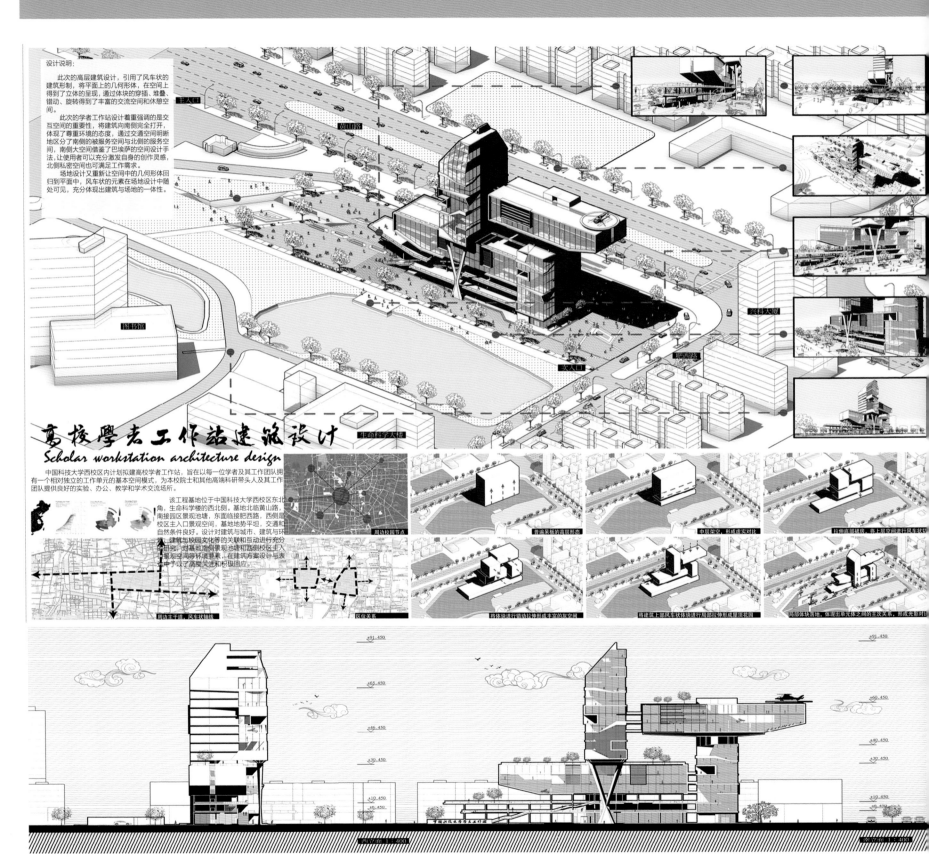

高校學者工作站建筑设计
Scholar workstation architecture design

匠心筑境
建筑与规划学院 优秀作品集

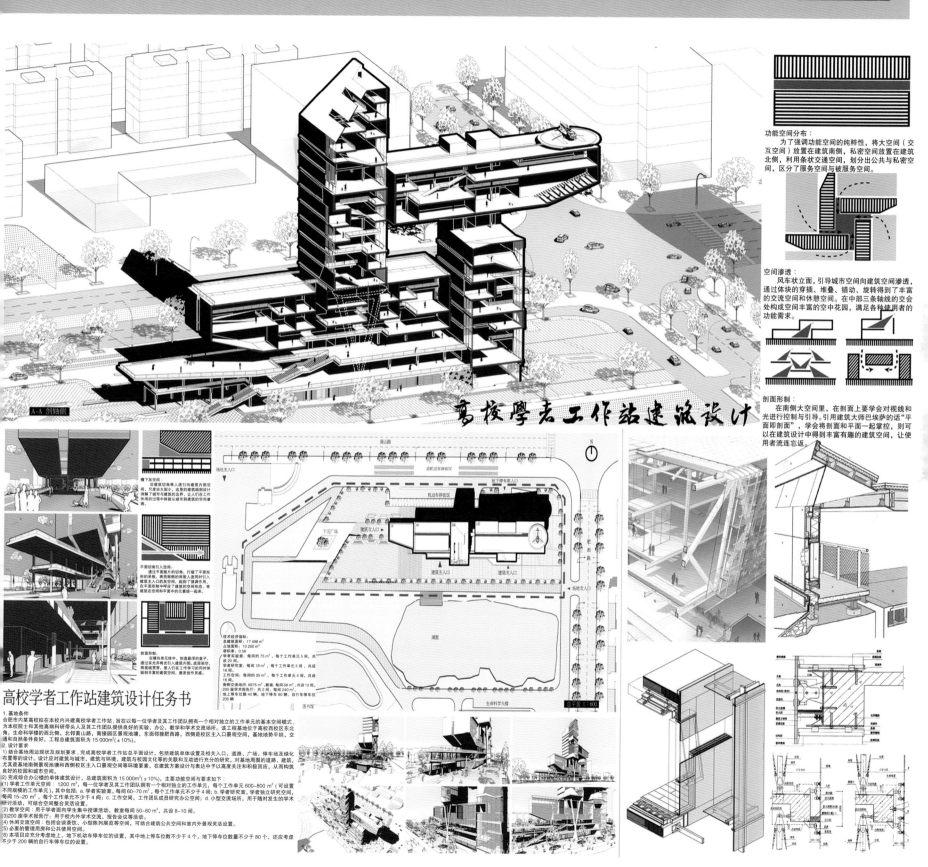

A-A 剖轴侧

高校学者工作站建筑设计

功能空间分布：
为了强调功能空间的纯粹性，将大空间（交互空间）放置在建筑南侧，私密空间放置在建筑北侧，利用条状交通空间，划分出公共与私密空间，区分了服务空间与被服务空间。

空间渗透：
风车状立面，引导城市空间向建筑空间渗透，通过体块的穿插、堆叠、错动、旋转得到了丰富的交流空间和休憩空间。在中部三条轴线的交会处构成空间丰富的空中花园，满足各种使用者的功能需求。

剖面形制：
在南侧大空间里，在剖面上要学会对视线和光进行控制与引导。引用建筑大师巴埃萨的话"平面即剖面"，学会将剖面和平面一起掌控，则可以在建筑设计中得到丰富有趣的建筑空间，让使用者流连忘返。

檐下灰空间：
沿建筑切角将人流引向建筑内部空间，尺度由大到小，这里的玻璃幕墙打消解除了建筑的边界，让人们在工作休闲的过程中体验着从城市到建筑的空间渗透。

平面切角引入空间：
通过平面肌片的切角，打破了平面形的界限，西面南侧的两股人流的同时引入建筑入口和内部空间，起到了强调作用，在平面形制中呼应了建筑的空间形态，将建筑在空间和平面中的元素结合一起。

剖面形制：
在剖面向单元体中，创造漂浮的盒子，通过采光并将光引入建筑内部，底面留空，将梯线处置，使人们在工作学习的同时体验到丰富的建筑空间，激发创作灵感。

高校学者工作站建筑设计任务书

1. 基地条件
合肥市内某高校拟在本校内兴建高校学者工作站，旨在以每一位学者及其工作团队拥有一个相对独立的工作单元的基本空间模式，为本校院士和其他高端科研带头人及其工作团队提供良好的实验、办公、教学和学术交流场所。该工程基地位于高校西校区东北角，生命科学楼的西北侧，北邻黄山路，南接园区景观池塘，东面邻接肥西路，西侧是校区主入口景观空间，基地地势平坦，交通和自然条件良好，工程总建筑面积为15 000m²(±10%)。

2. 设计要求
1) 结合基地周边现状及规划要求，完成高校学者工作站总平面设计，包括建筑单体设置及相关入口、道路、广场、停车场及绿化布置等的设计，设计应对建筑与城市、建筑与环境、建筑与校园文化等的关联和互动进行充分的研究，对基地周围的道路、建筑，尤其是基地南侧景观池塘和西侧校区主入口景观等环境要素，在建筑方案设计与表达中予以高度关注和积极回应，从而构筑良好的校园和城市空间。

2) 完成综合办公楼的单体建筑设计，总建筑面积为15 000m²(±10%)，主要功能空间与要求如下：
(1) 学者工作单元空间：1200 m²，每一位学者及其工作团队拥有一个相对独立的工作单元，每个工作单元600~800 m²（可设置不同规模的工作单元），其中包括：a. 学者实验室，每间60~70 m²，每个工作单元不少于4间；b. 学者研究室，学者独立研究空间，每间15~20 m²，每个工作单元不少于4间；c. 工作空间，工作团队成员研究办公空间；d. 小型交流场所，用于随时发生的学术研讨活动，可结合空间整合灵活设置。
(2) 教学空间：用于学者面向学生集中讲课活动，教室每间50~60 m²，共设8~10间。
(3) 200 座学术报告厅：用于校内外学术交流、报告会议等活动。
(4) 休闲交流空间：包括会谈茶饮、小型陈列展览等空间，可结合建筑公共空间和室内外景观灵活设置。
(5) 必要的管理用房和公共使用空间。
(6) 本项目应充分考虑地上、地下机动车停车位的设置，其中地上停车位数不少于4个，地下停车位数量不少于80个，还应考虑不少于200辆的自行车停车位的设置。

技术经济指标：
总建筑面积：17 498 m²
占地面积：10 200 m²
容积率：0.58
学者实验室：每间约75 m²，每个工作单元5间，共设20间。
学者研究室：每间18 m²，每个工作单元5间，共设16间。
工作空间：每间25 m²，每个工作单元4间，共设16间。
附属交流场所急厅：2间，教室 每间68 m²共4间，共设12间。
200座学术报告厅：共2间，240 m²。
地上停车位40辆，地下停车80辆，自行车停车位200辆

总平面 1：600

2018 年 "中建海峡杯" 第四届海峡两岸大学生实体建构大赛　优秀奖

参赛人员：张　一　陆春华　王吕昕　周雪晴　项月蓉　宋　健
指导老师：解玉琪

竞赛主题：

　　今年比赛主题为"宜技·荷载"，竞赛从适宜技术出发，结合一定的荷载，对结构稳定性和适宜性提出更高的要求。在作品设计阶段，参赛者通过电脑软件建模，既要考虑将适宜技术的概念应用到建筑的设计中，又要符合安全适用、经济合理的要求。

决赛名单：

　　大陆：安徽建筑大学、哈尔滨工业大学、湖南大学、西南交通大学、东南大学、福州大学、福建工程学院、南昌大学、沈阳建筑大学。

　　台湾：逢甲大学、中原大学、台湾科技大学、铭传大学、华夏科技大学、中国文化大学。

匠心築境

建筑与规划学院 优秀作品集

折影

ZHEYING

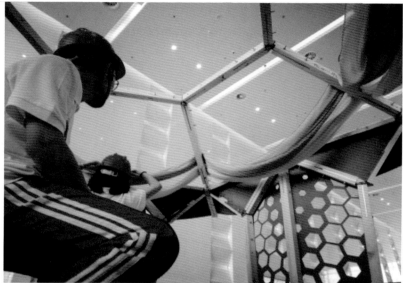

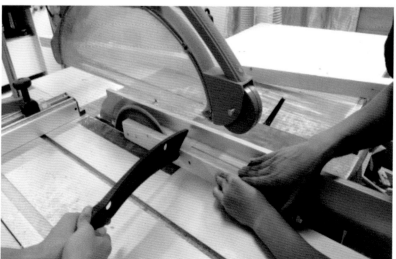

2018年金寨县"希望工程纪念馆"方案竞赛 金奖

参赛人员：徐振宇 张锡坤 荣宁宁 陈国栋
指导老师：贾尚宏

■ 项目规模及功能组成

"希望工程纪念馆"建筑面积约为3000㎡；纪念馆内部功能组织应包含希望工程工作展示平台、社会服务平台和项目示范平台，同时作为全国大中专学生的社会实践、红色教育基地。

The building area of the Memorial Hall of Project Hope is about 3000 feet. The internal functional organization of the memorial hall should include the display platform, social service platform and project demonstration platform of Project Hope, as well as serving as the social practice and red education base for college dropouts.

■ 希望工程

团中央、中国青少年发展基金会于1989年发起的以救助贫困地区失学少年儿童为目的一项公益事业。其宗旨是建设希望小学，资助贫困地区失学儿童重返校园，促进了基础教育的发展。金寨县希望小学是全国第一所希望小学，成立于1990年5月19日。

In 1989, the Central Committee of the League and the China Youth Development Foundation launched a public welfare undertaking aimed at helping children who have dropped out of school in poverty-stricken areas. Its purpose is to build hope primary schools, subsidize the return of school-dropouts in poverty-stricken areas. Jinzhai County hope primary school is the first hope primary school in the country. It was founded in May 19, 1990.

■ 工程缘由

金寨县人民政府决定于2018年举办金寨县"希望工程纪念馆"方案竞选。金寨县"希望工程纪念馆"的设计应该遵循"和谐、适地、节约、舒适、经济"的设计原则，强调绿色生态和节能环保的建筑理念。

The people's Government of Jinzhai county decided to hold a campaign of "Hope Project Memorial Hall" in Jinzhai County in 2018. The design of "Hope Project Memorial Hall" in Jinzhai County should follow the design principle of "harmony, suitable place, economy, comfort and economy", and emphasize the architectural concept of green ecology and energy conservation and environmental protection.

起|承|轉|合

■ 金寨县希望工程纪念馆方案设计 | THE DESIGN OF HO

PROJECT MEMORIAL HALL IN JINZHAI COUNTY, ANHUI, CHIN

本模拟采用计算流体动力学（CFD）分析方法，分析采用通用商业流体分析软件PHOENICS2014对目标建筑进行风环境分析，且利用PHOENICS良好的后处理接口功能，与专业图像处理软件Tecplot相结合，实现模拟结果数据可视化。

利用CFD技术对室外风环境模拟时，确定合理的边界条件是保证模拟计算结果正确的一个重要环节。为了让区域的模拟比较接近真实情况，对建筑所处的地理位置的风速与风向进行分析。利用风向玫瑰图，给出频率最多的风速风向情况，确定为当地平均风速，区域的边界条件。

冬季建筑风环境模拟

建筑表面风压

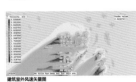
建筑室外风速矢量图

建筑室外风速云图

建筑室外风压云图

过渡季节建筑风环境模拟

建筑室外风速云图

建筑室外风压云图

夏季建筑风环境模拟

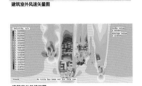
建筑室外风速矢量图

建筑室外风压云图

■ 建筑构造

起|承|轉|合

金寨县希望工程纪念馆方案设计 | THE DESIGN OF HOPE PROJECT

MEMORIAL HALL IN JINZHAI COUNTY ANHUI CHINA

关系的建筑

Relational architecture

建筑构造

建筑形态生成

匠心筑境
建筑与规划学院 优秀作品集

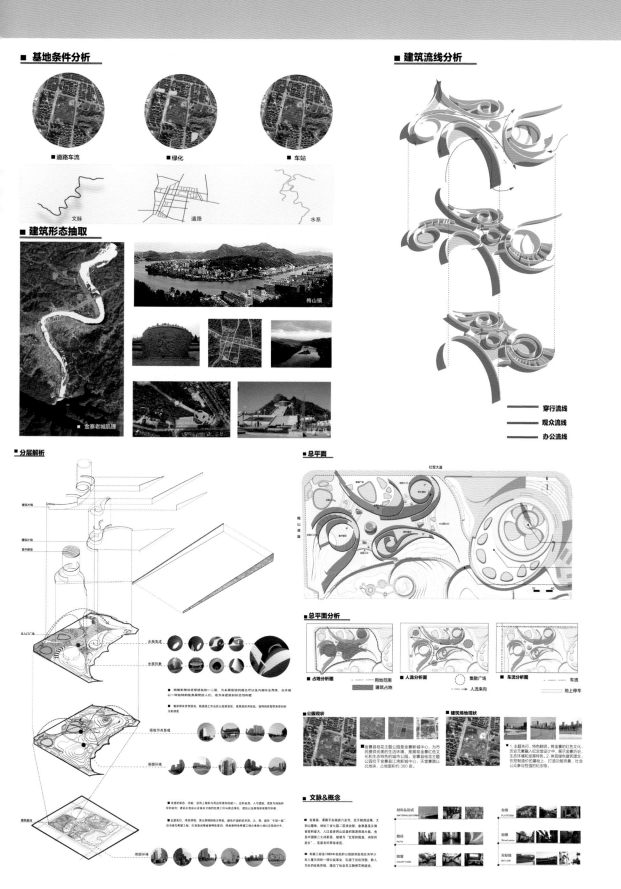

■ 基地条件分析

■ 道路车流　　■ 绿化　　■ 车站

文脉　　道路　　水系

■ 建筑形态抽取

梅山镇

■ 金寨老城肌理

■ 分层解析

主入口广场

火灾生成

书质列表

场地节点景观

周围环境

屋顶环境

建筑基地

■ 建筑流线分析

穿行流线
观众流线
办公流线

■ 总平面

红军大道

梅山道路

■ 总平面分析

■ 占地分析图　　用地范围
建筑占地

■ 人流分析图　　集散广场
人流来向

■ 车流分析图　　车流
地上停车

■ 公园现状　　　　　　■ 建筑场地现状

■ 文脉&概念

材料和形式 MATERIAL&FORM

台地 PLATFORM

眺望 PATH

街巷 Street square

院落 COURTYARD

天际线 SKYLINE

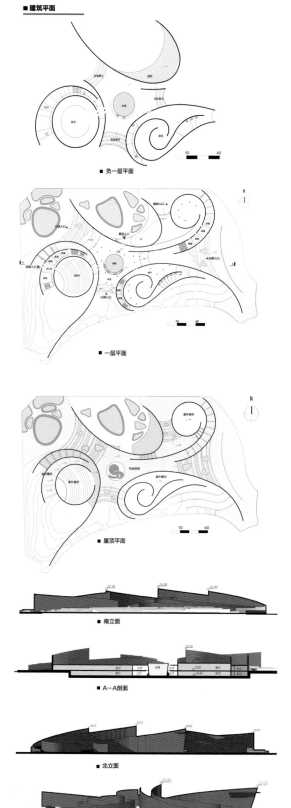

■ 建筑平面

■ 负一层平面

■ 一层平面

■ 屋顶平面

■ 南立面

■ A—A剖面

■ 北立面

■ 西立面

参赛人员：刘 昊 岳 凌
指导老师：刘仁义　周庆华　钟杰

金寨县希望工程纪念馆设计
PROJECT HOPE MEMORIAL DESIGN . JINZHAI

■ 设计理念

金寨县	——	地处大别山区，风景秀丽，自然资源丰饶
希望工程	——	让贫困地区的儿童拥有受教育的机会
纪念馆	——	工作展示平台、社会服务平台、社会实践教育基地

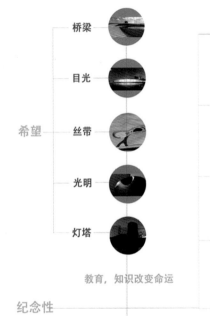

桥梁　　　　　　　简单的几何形体
目光
　　　　　　　　　数大为美
希望　丝带
　　　　　　　　　轴线强调
光明
灯塔　　　　　　　道法自然

教育，知识改变命运

纪念性　　　　　　远嚣近寂的留白

纪念性的载体，建筑的高潮

金寨　　　　　　　山水自然　　　巧于因借

　　　　　　　　　　　　　　　　叠山置石

■ 体块生成

体块置入　　瞬影地形　　切割，形成广场

咬合，竖向打断　打开围合，应对景观　升起，形成观景平台

■ 区位分析

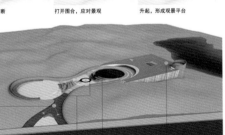

起　承　转　合

利用原有广场与停车场，引导人流进入。层层升起的花坛既顺应地形变化，也起到了遮景的作用，使建筑掩映其中。

水景处设置休息区域，顶部水口的水流顺台阶层层流下，营造出高山流水的意向，是第一个景观节点，同时也是对人流的引导。

当行至入口前广场时，下沉的大片水域将建筑与天空映射其中。游人从线性的交通路径中反转到面状的大片水景，由"奥"至"旷"产生感官的冲击，此为第二个节点。

当屋顶行至最高处，完整的游览路径展现在眼前，与远处的主题雕塑遥相呼应。公园与城市的景色尽收眼底，为整个外部游览的最高潮。

■ 选址分析

生态设施分布

主要交通流线

金寨县的基础生活设施如商业、学校等主要分布于基地的东侧，是人流来源的主要方向。金寨县的高铁站位于县城的南侧，由高铁站到达金寨县城，主要经过基地东侧的梅山湖路，因此将建筑选址靠近于梅山湖路。

■ 外部空间序列分析

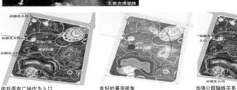

依托原有广场作为入口　　良好的景观视角　　加强公园轴线关系

■ 场地规划

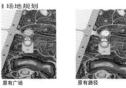

原有广场　　原有路径　　停车规划　　规划路径

■ 效果展示

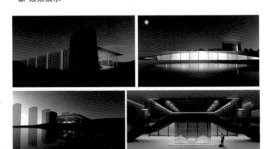

理水

造景

山水，和谐，适地

教育，桥梁，希望

纪念性，功能性，可持续

单纯，完整，逻辑，永恒

反复，序列，节奏，韵律

序列空间的层层展开

以山为阙，立天地为庭院

由繁入简，水天一色

利用既有景观，营造山水意向

山穷水复疑无路，柳暗花明又一村

高山流水觅知音

行到水穷处，坐看云起时

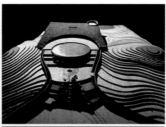
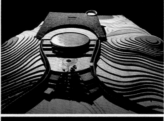

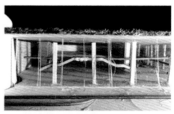
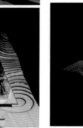

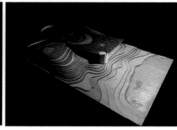

▦ 平面图

首层平面图 1: 400

负一层平面图 1: 400

▦ 效果展示

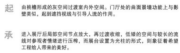

内部空间体验

起承转合

由挑檐形成的灰空间过渡室内外空间。门厅处的曲面景墙功能上与影壁类似，起到遮挡视线与引导人流的作用。

进入展厅后局部空间节点放大，再过渡收缩，低矮的空间与较长的流线对参观者情绪进行压榨，而展台设置为光柱的形式，则象征着希望工程给人带来的美好。

用展厅出口处的半透明玻璃的外部光线引导人流，同时避免外部光顾影响展品。出口处设置的小品景观，通过对透明性的改变产生高山流水的意向与外部景观设计相统一，同时也起到了遮挡部分视线的作用，在到达最终景潮前再次压抑游人情绪。

最终高潮的纪念性以阅读空间来承载，体现出希望工程的本质是让更多的孩子通过知识改变命运。与此同时配合贯通的巨大空间、充足的光线和幕墙外的自然景观多重的强调，将游览者的情绪推向最高潮。

▦ 总平面图

建筑主体范围图

总平面图 1: 5000

多平面图 1: 1500

金寨县希望工程纪念馆设计
PROJECT HOPE MEMORIAL DESIGN . JINZHAI

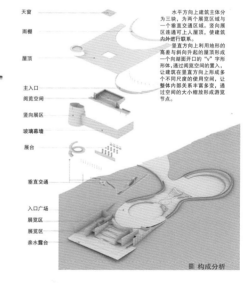

天窗

雨棚

屋顶

主入口

阅览空间

竖向展区

玻璃幕墙

展台

垂直交通

入口广场

展览区

展览区

亲水露台

水平方向上建筑主体分为三块，为两个展览区域与一个垂直交通区域。竖向展区连通向上人屋顶，使建筑内外进行联系。

竖直方向上利用地形的高差与斜向升起的屋顶形成一个向湖面开口的"V"字形形体，通过阅览空间的置入，让建筑在竖直方向上形成多个不同尺度的使用空间，让整体内部关系丰富多变，通过空间的大小缩放形成游览节点。

▦ 构成分析

剖面图 A-A 1: 400

剖面图 B-B 1: 400

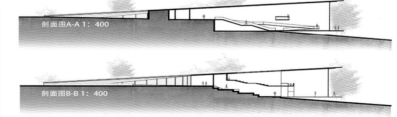

南立面图　　　　　　　　　东立面图

参赛人员：杨梓含　陈胜蓝

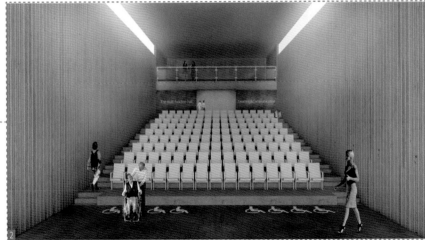

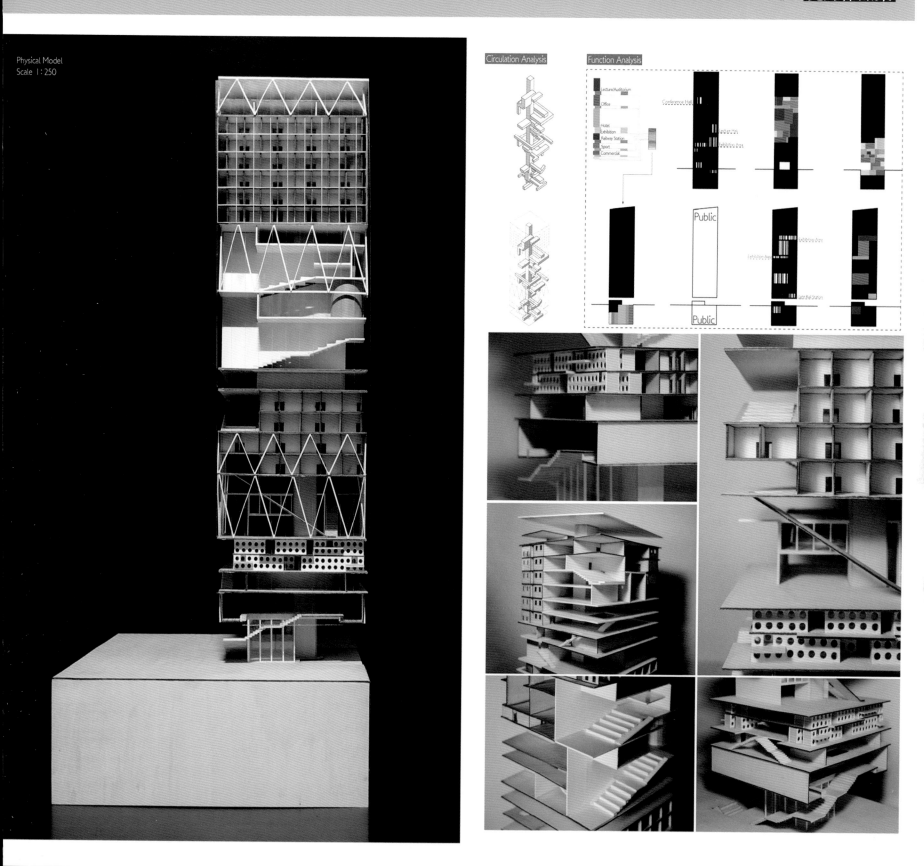

Physical Model
Scale 1 : 250

Circulation Analysis

Function Analysis

Public

Public

2017CTBUH 国际大学生高层建筑设计大赛　全球第五名

参赛人员：杨梓含　陈胜蓝

HORIZON OF FUTURE CITIES

The New Relationship of Future Urban
High-rise Buildings and Green Space

Collaborator: Yang Zihan
Tutor: Dr.Chu Jinlong　Xu Jieqing
May.2016 - Jul.2016

Possession of Urban
and Public Space

In the early of the most super cities,there are a lot of landscapes separately located in the city.But with the development of economy,cities such as New York, Beijing, Shanghai or Hong Kong, are filled with concrete jungle and little landscape can be preserved.So the goal of the concept is to reserve the poor little land park which still exists in a concrete jungle."Cities new horizon" is conceived to present from expansion of city's densely constructed building and towering skyscrapers.Meanwhile,building on the diagonal line down to the ground can provide citizens with available nature environment .

This remained parkland would allow for hiking,climbing,swimming and other outdoor activities.And finally,the reflective glass wall of skyscrapers will reflect the park's nature terrain and create the illusion of a never-ending natural world within the heart of city's concrete jungle，while also offering citizens a perspective of the landscape that is not limited by the parks' physical boundaries.

The central parkland surrounding complex would contain apartments,retails,museums，libraries,within the 100 feet deep inhabitable walls,within unobstructed view and connection to the park.Following cities grid, there are main circulation cores(elevators) that would align with every single street to transfer people down to the park, as well as to other various floors.Secondary circulation(ramps stairs) would connect separate space in various scales between the cores.

In this complex,it also has perfect transportation infrastructures,such as light rail train,subway station,urban road.When people drive through this complex not only can watch the tedious urban city but also can appreciate the beautiful natural scenery,and the interior condition of the architectures.

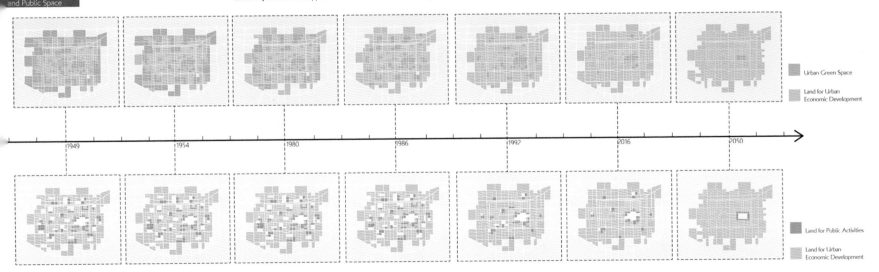

	Urban Green Space
	Land for Urban Economic Development

	Land for Public Activities
	Land for Urban Economic Development

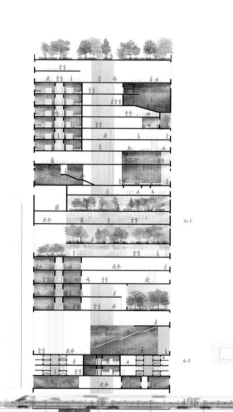

Atrium .... Resting Area
Lecture Hall .... Exhibition Gallery
Viewing Platform .... Resting Area

Multi-functional Hall .... Waiting Area

Viewing Platform .... Viewing Platform

Atrium .... Capsule Apartment
Capsule Apartment .... Luggage Room
Balcony .... Shower Room

Cafeteria .... Small Shop

Resting Stages .... Cafe Bar
Indoor Basketball Court .... Small Shop

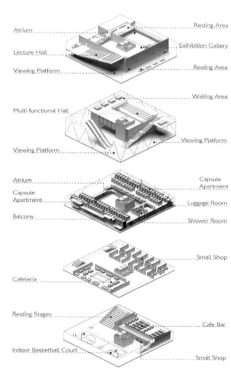

16-F

6-F

3-F

2B-F

The Dream Factory

The industry buildings gloried in the past have been declining with the increasing development and expansion of the cities. Being under pressure produced by cities's mushroom growth,the sleep quality of citizens has been deteriorating day by day. The building realizes the change and reconstruction for itself and users ultimately.

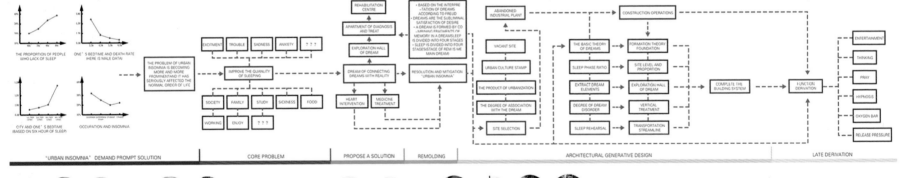

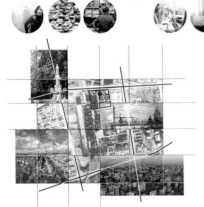

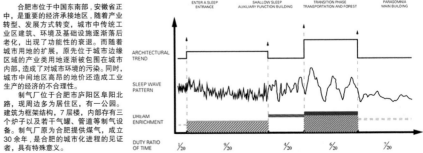

Hefei City is located in southeastern China, Anhui is an important economic undertaking area, with the industrial transformation, the transformation of development mode, the city's traditional industrial areas of building, environment and infrastructure gradually backward and aging, there has been a functional decline. With the expansion of urban land, industrial land originally located in the urban fringe area is gradually surrounded by the city, resulting in pollution of the urban environment. At the same time, high land prices in urban middle area also cause the economic irrationality of industrial production.

Gas plant located in Fuyang North Road, Luyang District, Hefei City , is now surrounded by mostly residential areas, where there is a park. The building is a frame structure, 7 floors, with three furnaces and a number of gas tanks, pipes and other gas production equipment. Gas plant was originally for Hefei to provide gas, set up more than 30 years ago. It is a witness to the urbanization process in Hefei, which has special significance.

合肥市位于中国东南部，安徽省正中，是重要的经济承接地区，随着产业转型、发展方式转变，城市中传统工业区建筑、环境及基础设施逐渐落后老化，出现了功能性的衰退。而随着城市用地的扩展，原先位于城市边缘区域的产业类用地逐渐被包围在城市内部，造成了对城市环境的污染。同时，城市中间地区高昂的地价还造成工业生产的经济的不合理性。

制气厂位于合肥市庐阳区阜阳北路，现周边多为居住区，有一公园。建筑为框架结构，7 层楼，内部存有三个炉子以及若干气罐、管道等制气设备。制气厂原为合肥提供煤气，成立30 余年，是合肥的城市化进程的见证者，具有特殊意义。

2017 年 UIA 霍普杯国际大学生建筑设计竞赛　优秀奖

参赛人员：黎翰林　邓宏远　郭志成　高　翔
指导老师：解玉琪

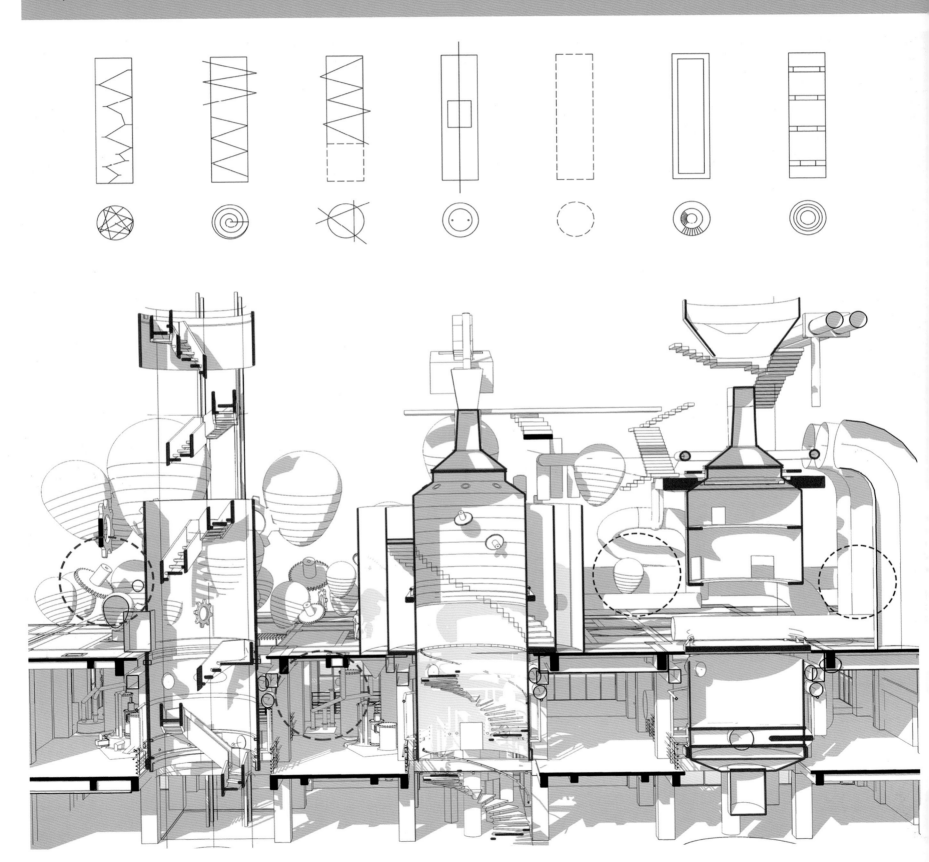

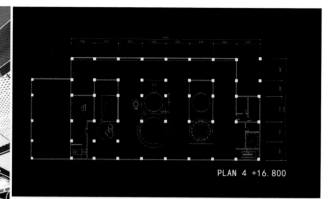

PLAN 4 +16.800

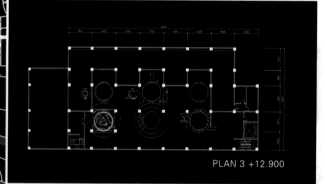

PLAN 3 +12.900

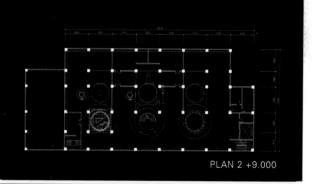

PLAN 2 +9.000

eping Dream: In old industrial buildings, pipes and other uctures cross between the floor wall and beam–pillar system, ing pipes and pipe diameter to form visual and auditory annels, form a unilateral peeping, experience the dream eping plot.

Giant Dreams: Giant balloons and industrial parts that map objects on an unconventional scale in a dream. The towering interior space in the industrial building and the floating objects of the giant sky obscure the experiencer's sense of scale.

视梦：旧工业建筑中，管道等构筑物穿越在楼板墙体和梁柱体之间，利用管道管径形成视觉和听觉通道，形成单方面的窥视，验梦境中的窥视情节。

巨物梦：巨大的气球和工业零件，映射梦境中超常规性尺度的物体。工业厂房中高耸的室内空间和巨大的漂浮物体模糊了体验者的尺度感。

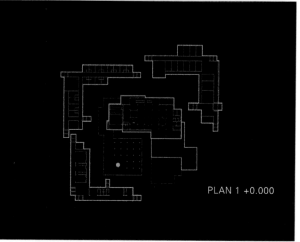

PLAN 1 +0.000

2017 年第九届中国威海国际建筑设计竞赛　优秀奖

参赛人员：邓宏远　汪　萌
指导老师：鲍如昕

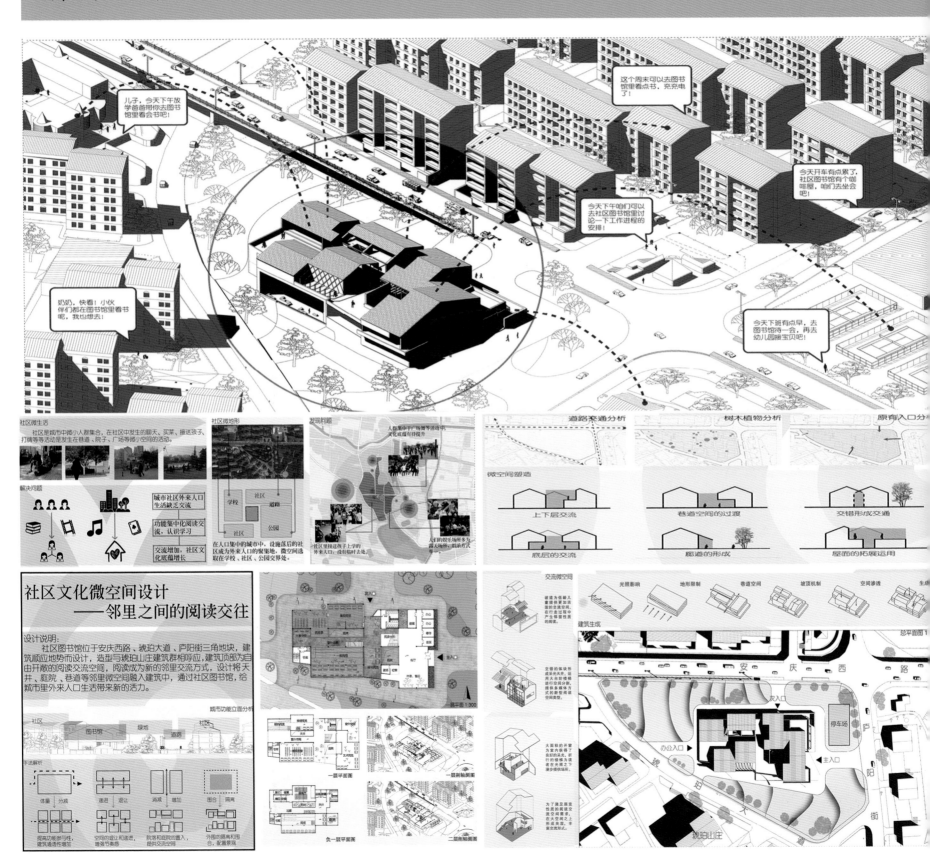

匠心築境

建筑与规划学院 优秀作品集

社區文化微空間設計

阅读空间

南立面图 1:200

北立面图 1:200

巷道空间

天井空间

天井　天井　气候分析　结构分析

游廊戏巷 I

传统街区老旧建筑改扩建设计

设计说明：该设计是以文化体验中心为主，结合旅游接待和休闲餐饮的展示类建筑。通过对徽州传统建筑及黎阳in巷的调研分析得出相关结论和数据，提取徽质因子，如坡顶坡度、街巷尺度等，将其运用于本设计中。设计旨在保留老街文脉的基础上延续老街的街巷空间感，唤醒人们对徽州的记忆；同时设置现代广场、节点空间、连廊、街巷、灰空间，并融入景观，既丰富空间层次又增加了游客在其中参观游览的趣味性。

对于改扩建，在老建筑的基础上加以修整装饰，并在其周围用钢结构架一圈柱廊，将其屋顶向两边各扩出一个廊道空间，下面用钢构架支撑。即用钢构架将屋顶升起并扩展，将老建筑墙体部分包裹其中，既能保护老建筑，又创造出文化广场上一个视觉焦点，同时还作为文化体验中心的门厅被赋予新的使用价值。

周边环境　空间序列　功能分区　景观节点

场地分区
1）主与次：文化展示中心为主，结合休闲商业，工作人员用房为次。
2）内与外
内：工作人员用房。
外：文化展示中心、旅游接待中心、休闲餐饮用房。
3）闹与静：北面临街较吵闹。

西立面图1：300　北立面图1：300

匠心筑境
建筑与规划学院 优秀作品集

街巷尺度分析

    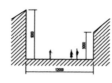

调研可知徽州地区主要街的高宽比约为1:1至1:2，巷的高宽比约为5:1至10:1，街巷空间尺度适宜，不空旷不压抑给人以舒适感。
因此街巷宽度控制在4~12 m，沿街建筑高度控制在7~9 m，根据不同空间调整DH比，延续屯溪地区街巷空间尺度，从而延续人们对老街的体验和记忆。

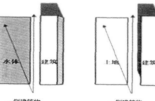  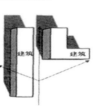

一侧建筑物
一侧邻水型

一侧建筑物
一侧临开阔地形

两侧建筑物
夹紧型

一侧建筑物连续封闭
一侧建筑物中断形成豁口型

一侧建筑物连续封闭
一侧建筑物转折或部分后退型

轴测分解

→ 工作人员流线

→ 游客流线

→ 地下车库流线

公共空间

休闲平台空间

小广场休闲空间

连廊空间

入口灰空间

街巷空间

老建筑改造

街巷空间

街巷空间

总平面图 1：1000

用地面积:3260 m²
建筑面积:2899 m²

参赛人员：姚　尧

指导老师：徐雪芳　解玉琪

徽质空间形态生成

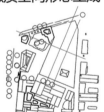 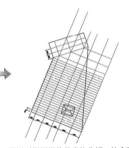 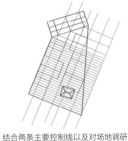 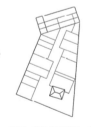 

根据屯溪老街整体的脉络分析，由基地走向和建筑走向确定两个方向的经纬线，同时，沿徽州水文化广场确定一条景观控制线，沿周边建筑空间布局确定两条街巷空间控制线。

通过对徽州街巷尺度的分析，结合两条经纬线方向，以2m为一个单位对基地进行网格分割，以此创造出老街的街巷空间，延续人们对老街的记忆。

结合两条主要控制线以及对场地调研分析，为创造相关序列以及街巷空间进行如上划分，同时融入现代较大的节点空间和广场空间。

最终，基地分割出了一条主要街巷空间，连接各功能空间和节点空间，同时也分割出了立面坡屋顶的起伏形式。

通过对徽州空间的调研分析，并结合基地周围环境，引水入室。将徽文化广场的水池中的水引入基地，沿着街巷空间做成徽州常见的水圳，一直将水引入老建筑空间节点中，创造基地内的水系景观和小广场上的节点景观。同时，也将人流引入小广场。

 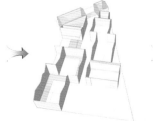 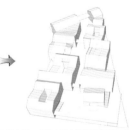 

通过对徽派建筑的调研，确定坡屋面的角度，根据网格划分生成连续屋面。

考虑到建筑朝南采光问题，将屋顶切削出天井空间，或留出相应的院落空间，或在屋顶开天窗，或留出相应的玻璃坡屋面，增加采光面积，丰富空间层次。

游廊戏巷 II
传统街区老旧建筑改扩建设计

老建筑改造结构分析

模型照片

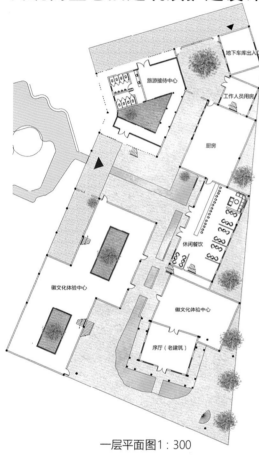

一层平面图1：300

二层平面图1：300

屋顶升起，
两边扩展

屋顶骨架

钢构架
扩出走廊

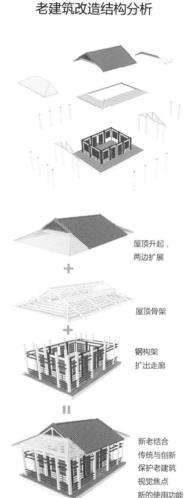

人群活动

新老结合
传统与创新
保护老建筑
视觉焦点
新的使用功能

徽质空间因子提取

剖面图1：300

参赛人员：高　翔
指导老师：解玉琪　徐雪芳

老街新巷

屯溪老街枫树巷改扩建——茶文化体验工坊

在商业气息浓厚的屯溪老街设计此茶文化体验工坊，希望能改善如今老街旅游同质化加剧、走马观花的游览方式，带领游人深入感受徽州茶文化。同时对于历史街区的进行保护与更新，希望能在发展与传承、新与旧之间找到平衡。

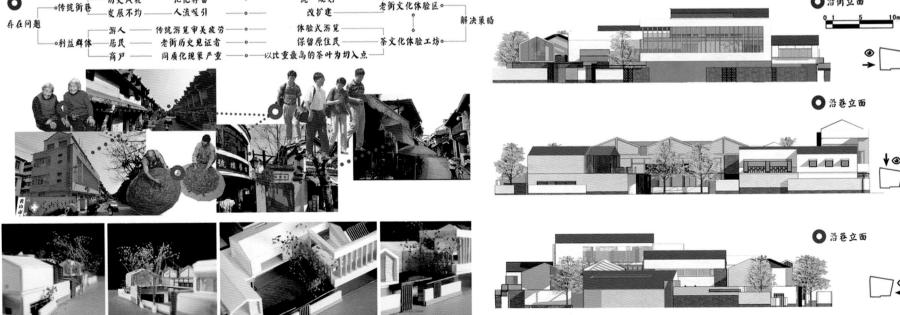

匠心築境

建筑与规划学院 优秀作品集

◉ 功能转化策略

手工制茶体验

发布、剧场

展览

茶话会 ……

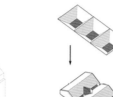

顺应相对密集的老街肌理，对体块操作，使之与旧建筑弥合。

由于茶叶的采摘与制作具有时节性，枫树巷除了原有的手工制茶体验功能，我们提出在制茶淡季的功能转化策略，如相关的产品发布会、徽剧小剧场、展览、茶话会等。

◉ 空间策略

社区中心
休闲区
展览区
制茶工坊
沿街商业
办公研究

以徽州茶文化为切入点，对场地进行功能规划。保留原枫树巷肌理，保留原中医院主体立面。

屯溪老街在发展过程中，建筑由沿街向两翼生长，整体密集、窄长且经济，但缺少公共空间，有以天井为单元的微型院落。

在相对密集的肌理状态下插入更多的院落，调整院落的公共性以平衡商业、展览等功能，同时满足其社区部分的功能。

以院子串起流线，丰富游览体验。

徽州地区建筑基本元素为带有天井的合院，院落变形为"回"形、"H"形、"日"形等。

建筑单元之间串联或并联形成纵、横列，加上附属用房，围以围墙。

传统院落式建筑常有"扩散""蔓延"之态，以主体建筑为中心形成组团，院落散布其间，特征各异。

平面布置以中心工坊为主体，内圈为展览，外圈为社区、休闲、办公等功能用区。

◉ 区位分析

黄山市古称徽州，既是徽商故里，又是徽文化的重要发祥地之一，屯溪老街位于黄山市中心城区，北壁背倚华山，南侧潇临新安江，是古徽州的商业重镇，又被称为流动的"清明上河图"。

◉ 基地概况

枫树巷地块位于屯溪区屯溪老街历史文化街区的建设控制地带内，是北郊城市自然景观资源与屯溪老街等特色历史文化资源之间的重要枢纽。

◉ 规划策略

功能分区　　交通梳理　　节点置入

为了减少商业同质化带来的审美疲劳，区域内以体验为主。本地居民是徽州文化的重要载体，规划中的商业与手工业区域顺应了老街前店后坊、下店上坊的格局，并设计社区活动功能，一定程度上减少原有居民的流失，保留原有记忆。

◉ 肌理更新

1929-1937
1938-1949
1950-1977
1978至今

象骨铁路图

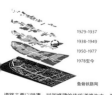

道路主要以明清、民国修建的传统道路为主。更新区域存在着拼贴状的分布特征。基地属于1949年后更新的主街内缘外侧，建筑公共性更强，尺度放大。

◉ 总平面图 1:500

▼ 地下车库出入口

延安路

水口广场

枫树巷

社区中心入口 ▼

主入口 ▶

◀ 茶楼入口

三马路

办公入口 ▲

规划面积：0.96hm²
容积率：0.92
建筑密度：43%
绿化率：35%
基地面积：3120m²
建筑面积：2850m²

N

参赛人员：郭树志
指导老师：徐雪芳

屯溪老街改扩建设计
——闲庭

方案简介：

本次设计地处黄山市屯溪老街，是一个非常具有徽派古建筑文化和商业气氛的地方。本设计从皖南古建筑测绘时对天井的四水归堂启发的灵感出发，引入多重院落，并把天井空间类比为开放的庭院景观空间，建筑风格为徽派建筑结合现代建筑的新徽派建筑风格。

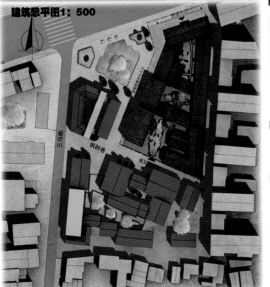

建筑总平面图1：500

■ 场地卫星图

周边建筑以徽派古建筑为主，分布密集。

■ 城市肌理

南侧和西侧建筑分布密集，东侧稀疏。

■ 道路肌理

场地四侧临路，其中北侧道路为城市主干道，周围交通便利。

■ 建筑生成分析

皖南古建筑四水归堂式布局中，天井的存在使得原本通风阴暗的房子变得明亮通透，人的活动空间围绕天井展开。

皖南建筑中多重院落的存在使得空间利用率更高，院落与院落之间的空间同时也可以类比为天井空间。

依据不同功能空间把建筑分为三重院落，每个院落均采用四水归堂式布局，把天井深化为庭院。

考虑到入口把第三重院落打开，设计时把三个庭院细化为围绕凉亭泛水、假山木林和桔山池水等的观赏庭院。

■ 场地元素

老街　新安江　戴震公园　黎阳in巷

■ 人群活动

■ 主要人群

游客　游玩　观光者　拍照写生　购物者　购物

■ 保留建筑（展览馆）改造说明

保留原有结构体系　　南北向改为木百叶墙控制光照　　入口处玻璃幕墙使得展览空间更通透

■ 屋顶及建筑形态协调性分析

匠心筑境
建筑与规划学院 **优秀作品集**

 凉亭泛水

 假山木林

 枯山池水

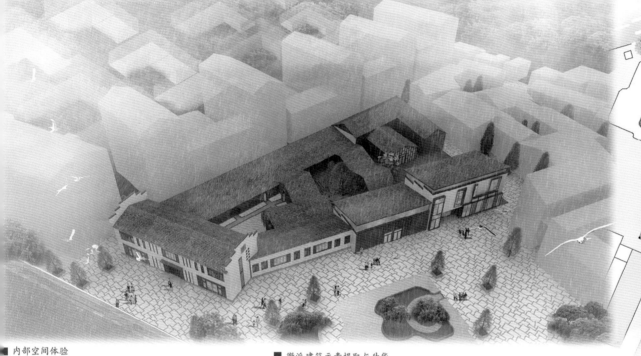

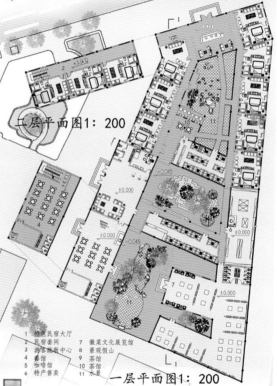

二层平面图1：200

内部空间体验

徽派建筑元素提取与升华

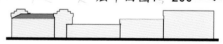

1 特色民宿大厅
2 民宿套间
3 游客咨询中心
4 茶馆
5 咖啡馆
6 特产售卖
7 徽菜文化展览馆
8 景观假山
9 茶馆
10 茶馆
11 水景

一层平面图1：200

北立面图1：200

南立面图1：200

1-1剖面图1：200

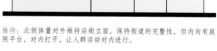

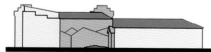

层次：东侧立面利用屋面创造丰富层次，由低到高的坡屋顶既是对屯溪老街立面的呼应，也增强了游客游览路线的引导性。

维持：北侧体量对外维持沿街立面，保持街道的完整性，但内向有庭院平台，对内打开，让人群活动对内进行。

收纳：南侧面对路口的一侧进行人流的分流，入口处开缺口，留出广场空间并进行山水景观布置，吸引人群进入，并留有巷道将人群引向北侧游客服务中心。

展览建筑结构分析

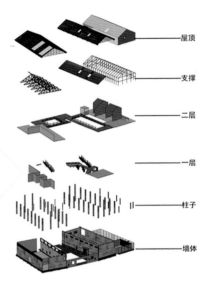

屋顶
支撑
二层
一层
柱子
墙体

老建筑保留外墙砖、砖柱，新建筑一层由玻璃与钢构成，二层
以半透明亚克力板作为外壳，木结构作为支撑，内部忽隐忽现，
由连廊连接新老建筑。

厚岸村粮仓改造

现场照片

发现问题

平面规划

原有建筑　　　保留建筑　　　轴线定位　　　功能分区　　　展览加建

廊道划分　　　水院植入　　　加强联系　　　绿化植入　　　围墙分隔

鸟瞰图

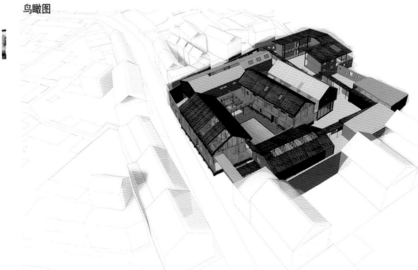

南立面图

1-1剖面图 1：400

匠心筑境
建筑与规划学院 优秀作品集

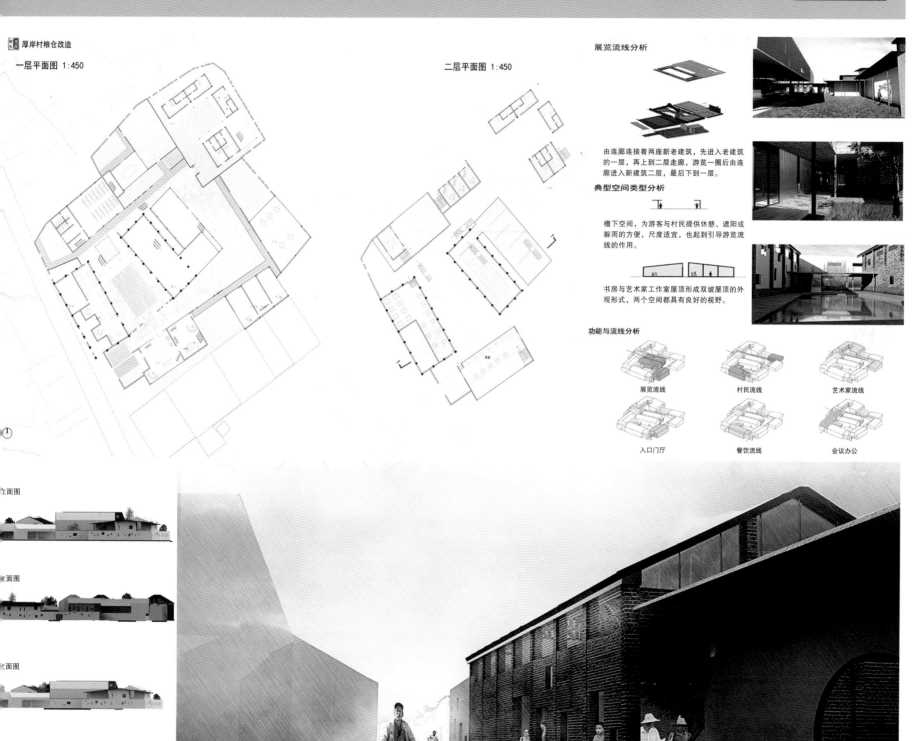

厚岸村粮仓改造
一层平面图 1:450

二层平面图 1:450

展览流线分析

由连廊连接着两座新老建筑，先进入老建筑的一层，再上到二层走廊，游览一圈后由连廊进入新建筑二层，最后下到一层。

典型空间类型分析

檐下空间，为游客与村民提供休憩、遮阳或躲雨的方便，尺度适宜，也起到引导游览流线的作用。

书房与艺术家工作室屋顶形成双坡屋顶的外观形式，两个空间都具有良好的视野。

功能与流线分析

展览流线   村民流线   艺术家流线

入口门厅   餐饮流线   会议办公

老屋新生——厚岸村粮仓改造

参赛人员：苏辰光
指导老师：解玉琪

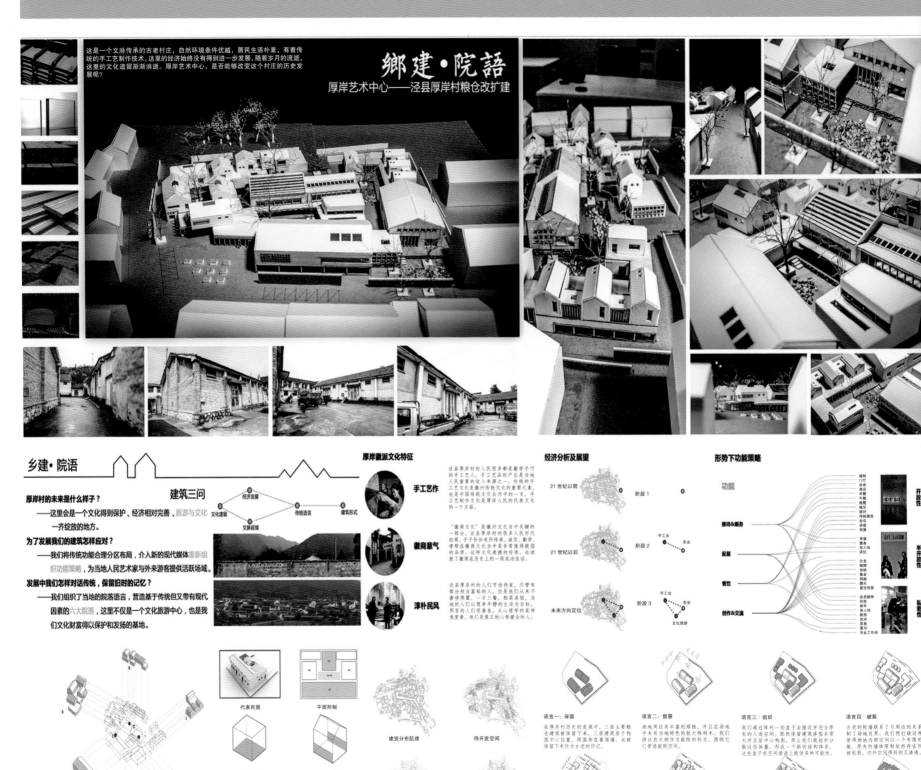

匠心築境

建筑与规划学院 优秀作品集

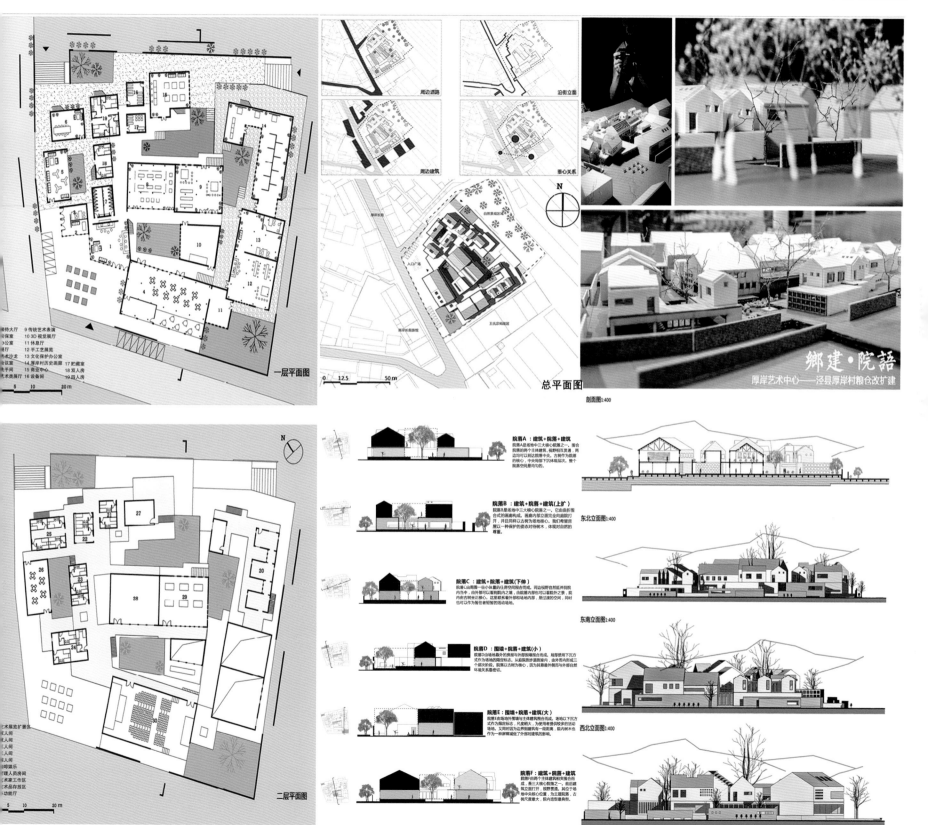

鄉建·院語
厚岸艺术中心——泾县厚岸村粮仓改扩建

总平面图

剖面图1:400

院落A：建筑+院落+建筑

院落B：建筑+院落+建筑(上扩)

院落C：建筑+院落+建筑(下伸)

院落D：围墙+院落+建筑(小)

院落E：围墙+院落+建筑(大)

院落F：建筑+院落+建筑

一层平面图

二层平面图

东北立面图1:400

东南立面图1:400

西北立面图1:400

一吻之间

"吻"在传统意义上是表达爱意的方式。老人曾经辉煌，当下平凡，我们应寄予他们更多关爱。在选址上选择了城市近郊靠近海洋的一块基地，希望通过"城"与"海"的关系找寻他们曾经的记忆。

威海的海草房是当地最具有代表性的建筑，设计在城与海之间以一个披屋顶的主体建筑暗合两者之间的关系，主体建筑北侧与其他建筑围合成院落，主体建筑南侧则通过坡屋顶挑檐形式迎接大海，院落与大海一合一放在此处汇聚，隐喻曾经与当下的关系。主体建筑内为家庭疗养用房，老人可以与家人生活在一起，不会感到孤独，更能体现"吻"的爱意。整个设计呼应"一吻之间"的内涵表达。

场地道路

屋顶形式

What should we do ?

建筑性质

景观绿化

基地照片

主入口

医疗护理单元

行政办公单元

餐饮区

家庭式疗养单元

亲水疗养单元

公共活动区

总平面图

经济技术指标：
用地面积：28 703.8 m²
总建筑面积：7857.5 m²
占地面积：5519.3 m²
容积率：0.27
建筑密度：19%
绿化率：31%

调研与决策

匠心築境
建筑与规划学院 优秀作品集

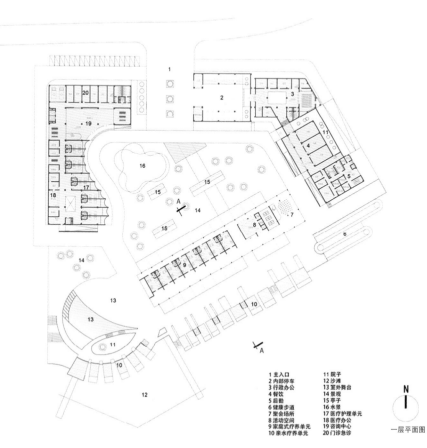

一层平面图

N

1 主入口	11 院子
2 内部停车	12 沙滩
3 行政办公	13 室外舞台
4 餐饮	14 景观
5 后勤	15 亭子
6 健康步道	16 水景
7 聚会场所	17 医疗护理单元
8 活动空间	18 医疗办公
9 家庭式疗养单元	19 咨询中心
10 亲水疗养单元	20 门诊急诊

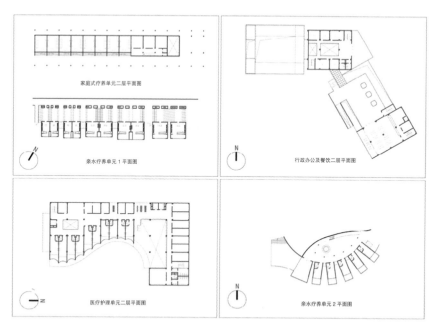

家庭式疗养单元二层平面图

亲水疗养单元1平面图

行政办公及餐饮二层平面图

医疗护理单元二层平面图

亲水疗养单元2平面图

设计以"一吻之间"为主题。方案主体建筑为不等坡度的坡屋面,北面坡度较大,结合院落空间形成回归传统记忆空间,庭院内结合威海当地传统建筑——海草房为景观设计,强调归属感与认知感。南面坡度较缓,廊道空间放大,形成面向大海的开放空间,体现回归自然、回归大海的意境。院落与大海两者在主体建筑空间汇聚,老人在空间内既能感受自然,又能感知传统,空间的丰富差异性形成了"一吻之间"的戏剧性效果,亦收亦放,自由流动。

方案的整体规划布局以滨海的家庭式疗养单元为主体,配以医疗护理单元、行政办公和餐饮功能,形成围合式布局。其中主体建筑的家庭式疗养单元模式注重家庭温馨氛围的营造,旨在人文关怀的疗养,二层阁楼可以为家人提供短暂性居住。亲水疗养单元在标高上降了一层,从而更加亲近大海,其背面通过氧吧与水吧的空间营造,形成了连续的疗养空间。

一吻之间

回归传统记忆空间

面向大海的开放空间

剖面与空间

氧吧与水吧空间

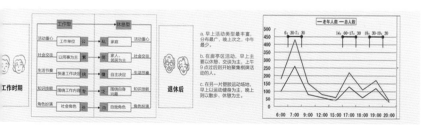

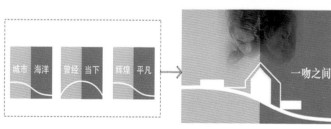

参赛人员：张泽仁　杨 燊　陈胜蓝　孙 霞

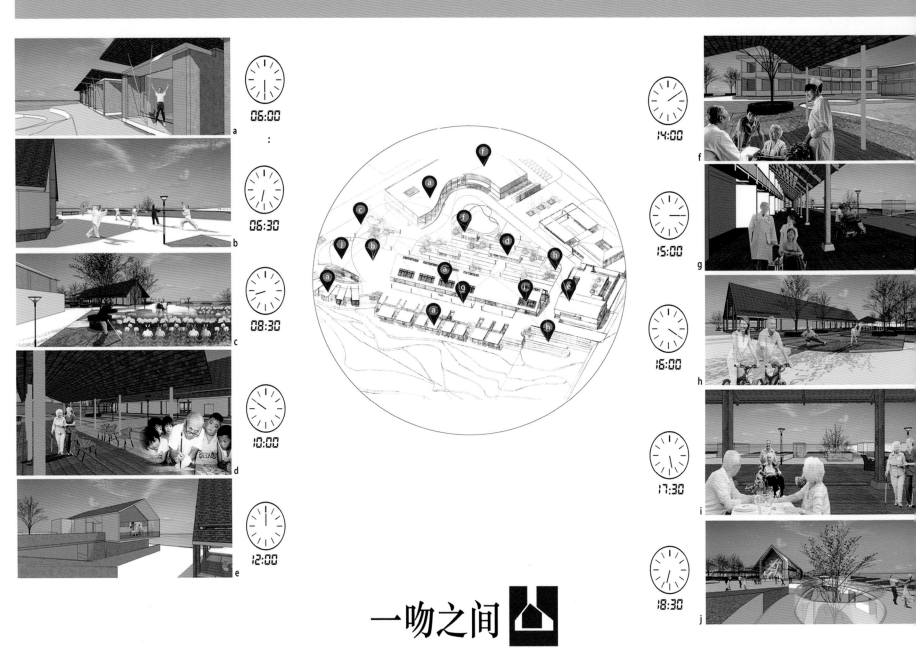

一吻之间

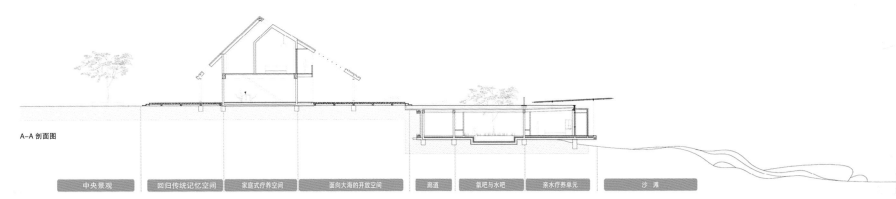

A-A 剖面图

| 中央景观 | 回归传统记忆空间 | 家庭式疗养空间 | 面向大海的开放空间 | 廊道 | 氧吧与水吧 | 亲水疗养单元 | 沙滩 |

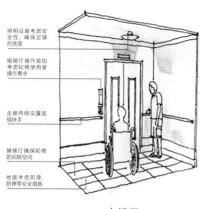

照明设备考虑安全性，确保足够的亮度

候梯厅操作按钮考虑轮椅使用者操作需求

走廊两侧设置连续扶手

候梯厅确保轮椅的回转空间

地面考虑防滑、防摔等安全措施

电梯厅

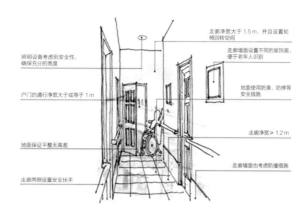

照明设备考虑到安全性，确保充分的亮度

户门的通行净宽大于或等于1m

地面保证平整无高差

走廊两侧设置安全扶手

走廊净宽大于1.5m，并且设置轮椅回转空间

走廊墙面设置不同的装饰面，便于老年人识别

地面使用防滑、防摔等安全措施

走廊净宽 ≥ 1.2m

走廊墙面也考虑防撞措施

走廊空间

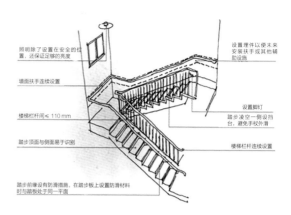

照明除了设置在安全的位置，还保证足够的亮度

墙面扶手连续设置

楼梯栏杆间 ≤ 110mm

踏步顶面与侧面易于识别

踏步前缘设有防滑措施，在踏步板上设置防滑材料时与踏板处于同一平面

设置埋件以便未来安装扶手或其他辅助设施

设置脚灯

踏步凌空一侧设挡台，避免手杖外滑

楼梯栏杆连续设置

楼 梯

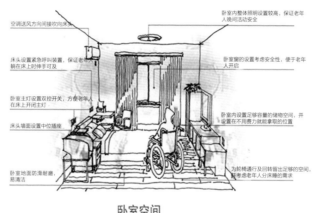

空调送风方向间接吹向床头

床头设置紧急呼叫装置，保证老人躺在床上时伸手可及

卧室主灯设置双控开关，方便老年人在床上开闭主灯

床头墙面设置中位插座

卧室地面防滑耐磨，易清洁

卧室内整体照明设置较高，保证老年人晚间活动安全

卧室窗的设置考虑安全性，便于老年人开启

卧室内设置足够容量的储物空间，并设置在不用费力就能拿取的位置

为轮椅通行及回转留出足够的空间，考虑老年人分床睡的需求

卧室空间

洗手盆放置防水插座

镜子安装考虑老年人姿的方便

面盆采用浅水池并设置扶手，方便老年人使用

卫生间保证对外开窗

卫生间室内空间保证轮椅回转

卫生间墙面、地面做防水、防滑、防撞措施

卫生间内外高低差用专门设施消除

卫生间

玄关空间

户门通行净宽不小于1m

户门设置高低两个观察孔，低位观察孔便于轮椅老年人使用

户门拉手侧保证不小于400mm的空间，方便轮椅老年人接近门口、开关户门

户门内外地面平整、防滑

地面考虑防滑、防摔、防绊等安全措施

入户空间设置照明设备，考虑安全性要求，确保充分的亮度

户内设置鞋柜等储藏设施，考虑高低组合，既便于老年人撑扶，又方便老年人换鞋

鞋凳旁设置扶手，帮助老年人站立起身

入口空间除了满足换鞋等基本需求，还考虑接待来客和急救时担架出入所需空间

wind and rain

summer sun

winter sun

■ 室内空间与无障碍设计

西立面图

2015 年首届"包豪斯奖"国际设计大赛 铜奖

参赛人员：刘其汉 孙 霞 王达仁 张 丹 陈胜蓝 刘克嘉

This old factory was changed into a local theater. It allowed people to watch performances, have coffee, relax and so on.

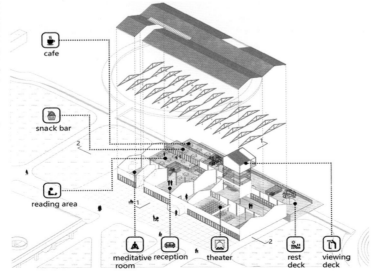

cafe

snack bar

reading area

meditative reception room   theater   rest deck   viewing deck

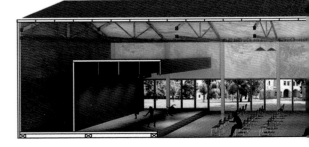

匠心築境
建筑与规划学院 **优秀作品集**

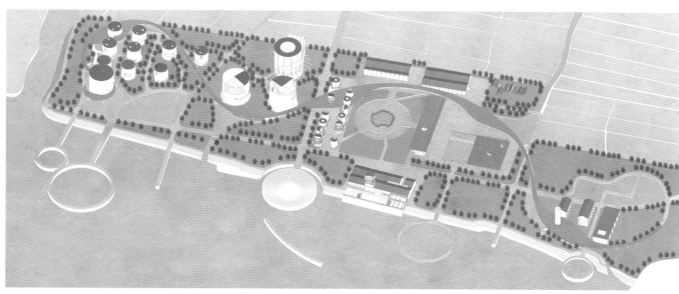

The program was aiming at reconstructing the Old Petroleum Factory District, located in the west bank of Mangdao River, as a creative industry center for local residents and travelers. The whole factory area where the industrial workshop is located, looked hard–faced and stuffy.In order to refresh the area and make it organically adapt to the surrounding environment. We made a general planning on the factory area and then did some detailed design on some old factories and oil drums.

I-I Section

2-2 Section

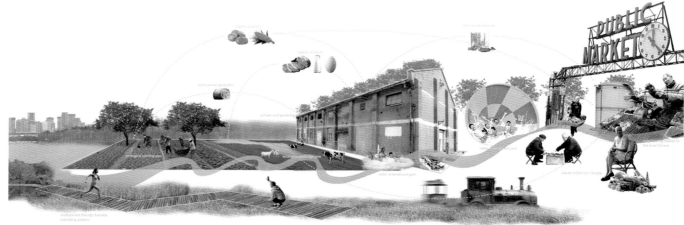

NEW FROM OLD

8 km Fun Bank

West Bank of Mangdao River China
Collaborator: Yang Zihan
Tutor: Dr.Chu Jinlong   Xu Jieqing
May.2016- Jul.2016

This project is divided into three parts,the first of the Mangdao river is 8 km long river for overall planning and transformation , focusing on innovation,so as to activate the other area,strengthen the banks of river and the hinterland,then,focus on the old oil factory district.

The transformation of old petroleum factory includes two parts:
One is relocating the functions and the development direction of the area by analyzing based on the function of city,and meet demands of the goverment and urban planning institute.
The other one is renovating several old factory buildings based on the former investigation and conceptual planning,which can be used as reference for later redesign.
In view of a large number of different size of oil drums or factories and different sorts of function in the area,we have developed a flexible strategy.Under the retaining of the center was a conception renovation.In the renovation we meet different needs of users,visitors,local farmers,and officials.

2015 年首届"包豪斯奖"国际设计大赛 铜奖

参赛人员：刘其汉 孙 霞 王达仁 张 丹 陈胜蓝 刘克嘉

Old Gas Station Renovation Proposal

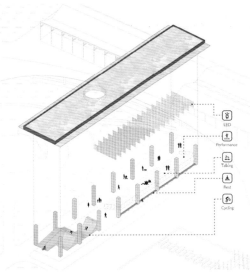

Old Factory Renovation Proposal

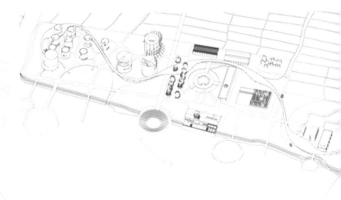

This old gas station was changed into an extreme sports device.

This old factory was changed into a relaxing area.People could talk and have a rest in this building.

匠心築境

建筑与规划学院 优秀作品集

Strategy

Plant	Type	Location	Scale	Alternation	Space	Direction	Function

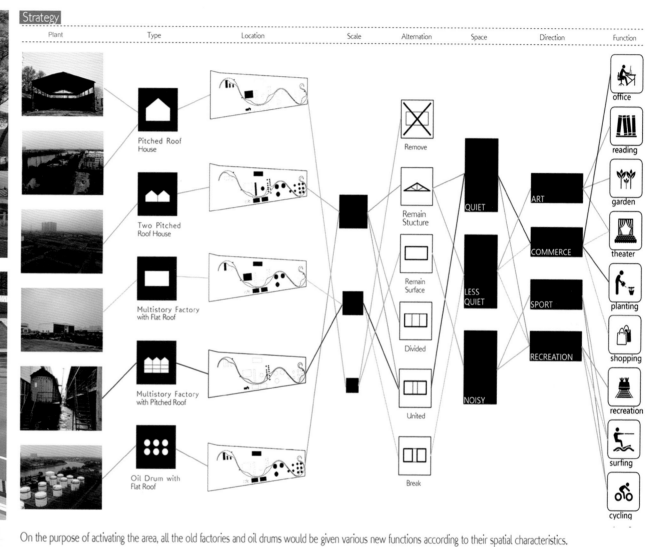

Pitched Roof House

Two Pitched Roof House

Multistory Factory with Flat Roof

Multistory Factory with Pitched Roof

Oil Drum with Flat Roof

Remove

Remain Stucture

Remain Surface

Divided

United

Break

QUIET

LESS QUIET

NOISY

ART

COMMERCE

SPORT

RECREATION

office

reading

garden

theater

planting

shopping

recreation

surfing

cycling

On the purpose of activating the area, all the old factories and oil drums would be given various new functions according to their spatial characteristics.

Riverside Walking System

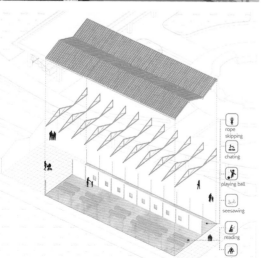

rope skipping

chating

playing ball

seesawing

reading

rest

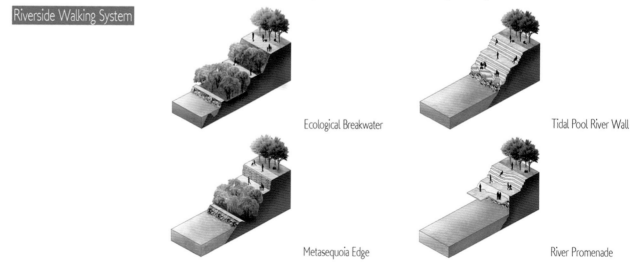

Ecological Breakwater

Tidal Pool River Wall

Metasequoia Edge

River Promenade

参赛人员：刘其汉　孙　霞　王达仁　张　丹　陈胜蓝　刘克嘉

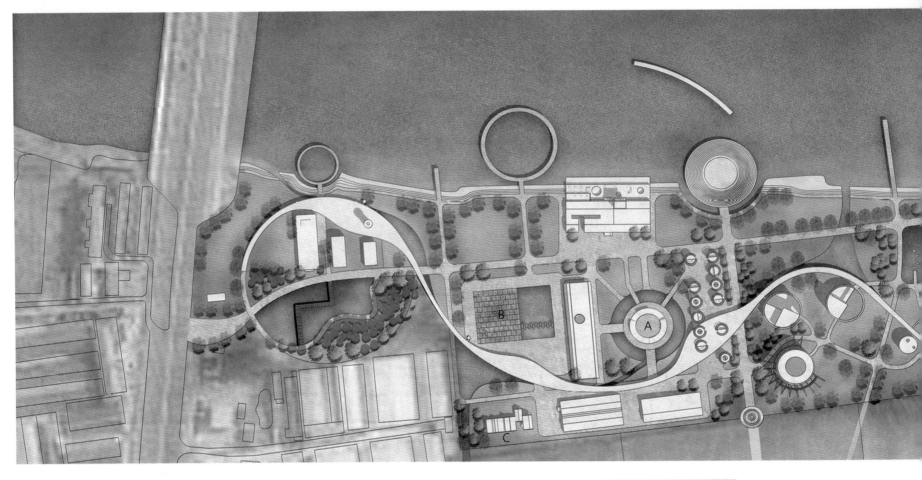

Device Design Proposal

Three small devices design proposals. They provide interesting space for visitors and local residents to have a rest, communicate, get together, perform dramas. At the same time, they also inject new vitality into the area.

Medium Oil Drum Renovation Proposal

The height of this kind of oil tanks is 12m. We changed them into reading bars and provided three renovation proposals.

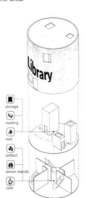

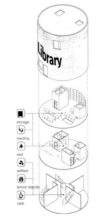

Small Oil Drum Renovation Proposal

The height of this kind of oil tanks is 6m. We changed them into creative street markets and provided two renovation proposals.

The height of this kind of oil tank is 24m. We changed it into exhibition space and its facade could also work as a advertising wall.

Large Oil Drum Renovation Strategy

The height of this kind of oil tanks is 24m. We changed them into creative offices and provided a renovation proposal.

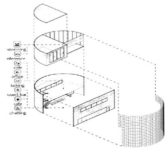

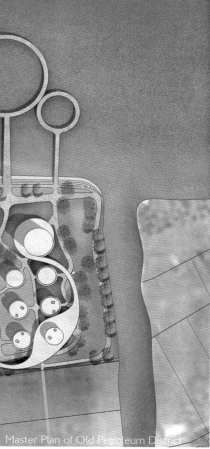

Master Plan of Old Petroleum District

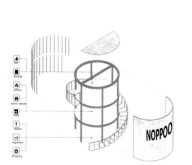

NOPPOO

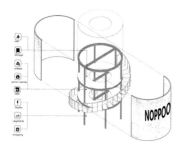

NOPPOO

Eco-Friendly Plants Arrangement

SITE	CONTAMINANTS	Water Plants		Terrestrial Plants						
Oil Refining	NOX								■	
	Sulfide									
	Cyanide			■						
Shipbuilding	Leed	■	■				■	■		
	Copper						■	■		
	benzene								■	
Road	Leed	■	■			■	■	■		
	Cadmiom	■	■							
	Copper	■	■			■				
	Zinc	■	■					■		

Reed Lotus Yellow Flag Arrowhead Locust Ficus Bamboo Fatsia Japonica Succulent Plants

Total Heavy Mental Translocated

30.9 mg/g

11.29 mg/g

SITE	MATURITY PERIOD	TYPICAL PLANTS							
Ecological Farm	April-June			■		■			
	July-September				■		■	■	
	October-December	■	■					■	■

Tung Tree Sugarcane Loquat Rape Tee Plants Ginkgo Sweetcorn Graps Citrus

Total Percentage of Harmful Conpounds Translocated

43.33 %

68.52 %

SITE	CONTAMINENTS	terrestrial plants		water plants						
Wetland Park	NOX	■	■	■		■		■		■
	Sulfide	■				■				■
	CO₂	■	■	■		■		■		■
	Cyanide	■		■		■				■
	Dust	■				■		■		■

Moor Besom Sandalwood Sweetgum Salix Integra Metasequoia Scirpus Calamus Water Bamboo Azollaceae

Interests of Different Groups

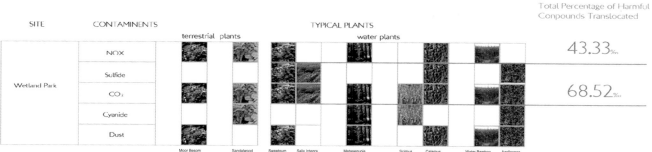

	HEALTH	SOCIAL	ECONOMIC	ECOLOGICAL
BENEFITS	access to healthy food	food security	job opportunity	stormwater management
	physical activity	education	collective event	biodiversity

STAKEHOLDERS   farmers   government   funders   customers   residents

office sport
book store planting

restaurant book store

theater office garden sport

Farming Education   Farming Labs/Base   Commercial Farms

Environment Protection Strategy

STEP 1 WATER PURIFICATION LANDSCAPE
STEP 2 RAINWATER ECOPARK
STEP 3 STORAGE FOR LIVING AND URBAN FARMING

WALKABILITY
Create a vibrant walkable community and reduces the parking demand for the region.

PUBLIC OPEN SPACE
Recreational amenities improve health.

WATER SAVINGS
Rainwater capture system reduces portable water use.

INFILTRATION
Streetscape increase previous spaces to reduce stormwater runoff.

NATURAL HABITANT
The park improve the biodiversity in the region and create a green living environment.

IRRIGATION

PURIFICATION

Influent Bar Screen Grit Rmoval Extended Aeration Basin Secondary Clarifier Filter UV Disinfection Reclamation
Solids Dewatering Solids Disposal

未完成社区
The Unfinished Community

什么是平凡的建筑？

世界上所有平凡的建筑均不是出自设计师之手，而是出自千千万万平凡的人。平凡的建筑，是民众对生活的自觉性的体现，而不表达建筑师的个人意志。

要得到平凡的建筑，必须要由平凡的人来参与设计。

What is an ordinary building?

Instead of designer, all architectures for everyday life wer created by those who are experiencing them. Architectures are fo everyday life, instead of a show time for architects' personal will, a embodiment of the individual will.Therefore, to build up the architectur for everyday life, it should be created by those who are using them.

我回想起了城市里的老街，那里是建筑师不曾触及的地方，居住着平凡的城市居民，街道成为联系邻里的公共空间，其中布满凌乱的摊位，店铺沿街开设，住宅又同店铺结合，每个居民可以按照自己的审美及功能需求改造属于自己的建筑立面，于是街道两侧布满各种各样的构件，混合各种各样的风格。

居民生活结构的变化和城市人口的流动，都会在这些老社区的建筑上由表及里地体现着，杂乱而美，并随着人群的迁入与迁出而发生变化，这是城市中自然形成而又最贴近生活的建筑。但城市化的发展，使得类似富有人情味的老旧社区逐渐被高层建筑取代。那么，如何在高层建筑中还原这类建筑呢？

I recall the old street in the city, where the architects did not touc the place, living ordinary city residents, the street became a publi space to connect the neighborhood, which is full of messy vendor shops along the street, housing and shops combined, each reside can according to their own aesthetic and functional needs to transfor their own building facade, so the streets are covered with a variety o components, mixed with a variety of styles.

Changes in the structure of residents' lives and the moveme of urban population will be reflected in the buildings of these o communities, cluttered and beautiful, and with the movement of peop and changes, which is the city's natural formation and the closest life buildings. But the development of urbanization, so that similar the human touch of the old community gradually replaced by high-ri buildings. So how do you restore such buildings in high-rise buildings

UA城里的某老旧社区
An old community in UA city

UA城里的某老旧社区
An old community in UA city

同一区域内有多条主街
Several main streets lie in an area

主街之间有小巷连通
Brand roads link the main streets

主街螺旋向上发展
The main streets spiral up

用架空的廊道实现小巷功能
Restitute the alley space overhead

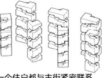

每一个住户都与主街紧密联系
Alleys link the main streets together

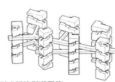

形成新的街道网络
New street construction

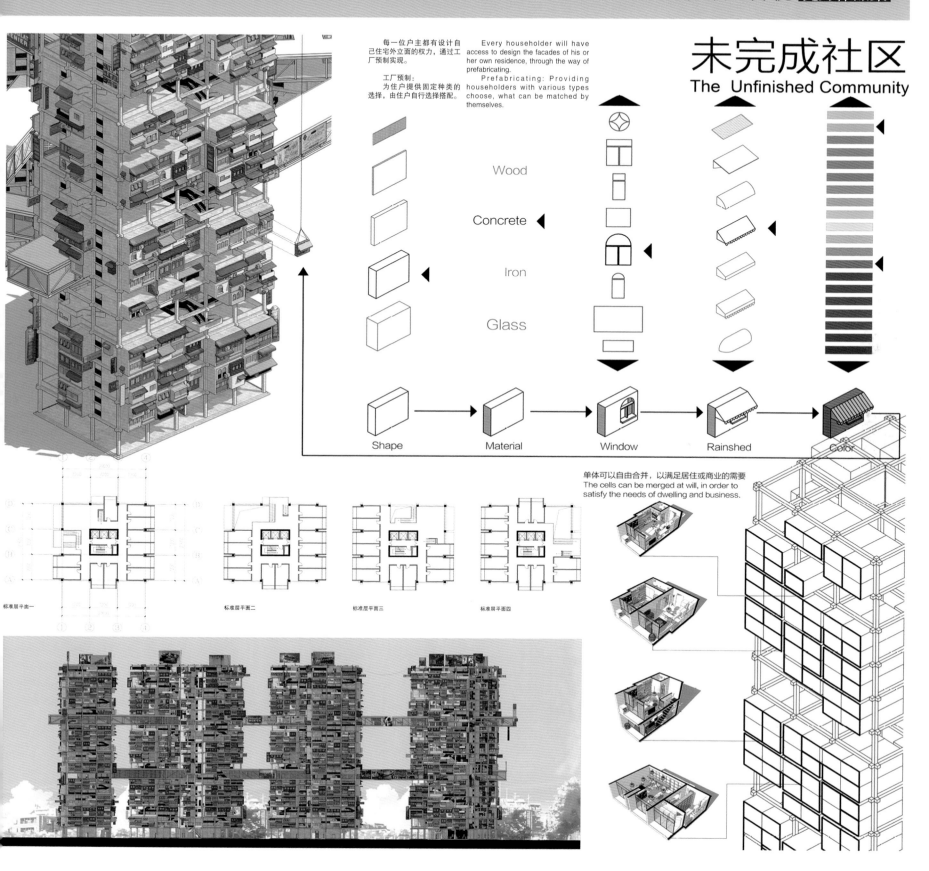

每一位户主都有设计自己住宅外立面的权力，通过工厂预制实现。

工厂预制：
为住户提供固定种类的选择，由住户自行选择搭配。

Every householder will have access to design the facades of his or her own residence, through the way of prefabricating.
Prefabricating: Providing householders with various types choose, what can be matched by themselves.

未完成社区
The Unfinished Community

Wood

Concrete ◀

Iron ◀

Glass

Shape → Material → Window → Rainshed → Color

单体可以自由合并，以满足居住或商业的需要
The cells can be merged at will, in order to satisfy the needs of dwelling and business.

标准层平面一   标准层平面二   标准层平面三   标准层平面四

参赛人员：卢　正
指导老师：周庆华　徐丽萍

消解在宏村

宏村美术馆设计

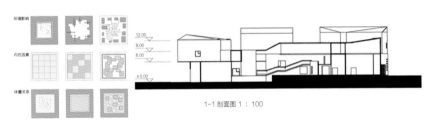

1-1 剖面图 1：100

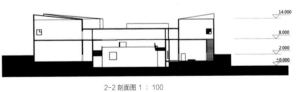

2-2 剖面图 1：100

　　徽派古建筑以砖、木、石为原料，以木构架为主。梁架多用料硕大，且注重装饰。其横梁中部略微拱起，故民间俗称为"冬瓜梁"，两端雕出扁圆形（明代）或圆形（清代）花纹，中段常雕有多种图案，通体显得恢宏、华丽。立柱用料也颇粗大，上部稍细。明代立柱通常为梭形。梁托、瓜柱、叉手、霸拳、雀替（明代为丁头拱）、斜撑等大多雕刻花纹、线脚。梁架构件的巧妙组合和装修使工艺技术与艺术手法相交融，达到了珠联璧合的妙境。梁架一般不施彩漆而髹以桐油，显得格外古朴典雅。墙角、天井、栏杆、照壁、漏窗等用青石、红砂石或花岗岩裁割成石条、石板筑就，且往往利用石料本身的自然纹理组合成图纹。墙体基本使用小青砖材料，砌至马头墙。

基地分析

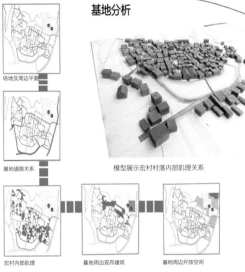

场地及周边平面

基地道路关系

宏村内部肌理

基地周边现存建筑

基地周边开放空间

模型展示宏村村落内部肌理关系

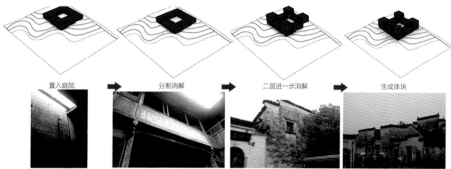

置入庭院 　　→　　 分割消解 　　→　　 二层进一步消解 　　→　　 生成体块

消解在宏村

宏村美术馆设计

景观空间
交通空间
办公空间
室外空间
服务空间

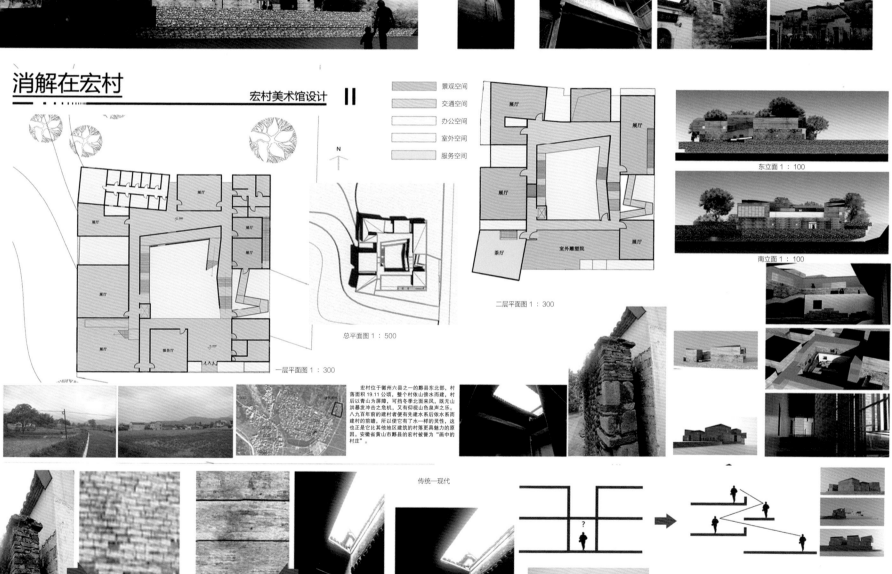

N

一层平面图 1：300

总平面图 1：500

二层平面图 1：300

东立面 1：100

南立面 1：100

宏村位于徽州六县之一的黟县东北部，村落面积19.11公顷，整个村依山傍水而建，村后以青山为屏障，可挡冬季北面来风，既无山洪暴发冲击之危机，又有仰视山色鸟声之乐。八九百年前的建村者便有先建水系后依水系而建村的前瞻，所以便它有了水一样的属性，这也正是它比其他地区建筑的村落更具魅力的原因。安徽省黄山市黟县的宏村被誉著"画中的村庄"。

传统—现代

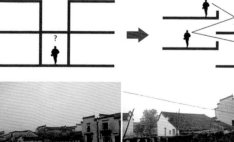

基地选在面向宏村的雷岗山上，面向宏村。美术馆选在这里，符合中国人传统的空间类型——内向型空间。
先做了一个立方体，再内置一个庭院，然后联系到宏村的肌理，做一次消解与分割，再在二层做了一次减法，进一步消解，使之与宏村肌理相吻合。在选择材料上使用砖，与宏村的材质相吻合。力求达到体块与材质都有宏村的感觉，消解在山野中。

参赛人员：杨伟伟 曾冰玉
指导老师：周庆华 徐丽萍

KINDERGARTEN DESIGN 01

狭小空间及其处理

三角形空间如何处理？

滑梯　　　　奔跑 & 跳跃　　　静坐 & 阅读

一层平面图 1:200

1-1 剖面图 1:200

南立面图 1:200

设计说明：

设计理念旨在考虑儿童天性,如
"玩耍、活泼、好动"。因此从幼儿使用的功能出发，
别出心裁地利用滑梯、楼梯、坡道等交通体系来联系屋顶和
地面的交流。

同时，室外交通体系的加入，增强了幼儿活动能力。
平面布局紧密结合地形，造型舒展，三角形元素创造了幼儿园的活泼个性。

经济技术指标：
占地面积：1450 ㎡ 建筑面积：2100 ㎡ 容积率：0.47 绿化率：45%

总平面图 1:500

■ 基地现状

活泼自由的三角形基地形态　　　规整机械的城市轮廓线

由基地三角形的轮廓
线引发思考，针对周围
建筑规整机械的方形轮
廓线，激发想象，创作
出活泼、动感的建筑形
体，构思来源于儿童喜
闻乐见的积木堆积，利
用三角形和方形的基本
组合，穿插来塑造建筑
形体关系，从而使儿童
产生联想，激发想象。

■ 体块生成

功能组织

不同功能空间的自由组合穿插

活动空间与不同功能空间的联系

室外自由流畅的交通流线

构思策略：
一、二层通过坡道、楼梯、滑梯
来联系，扩大了隐形活动空间。
植入台地式置换，消除视觉疲劳，
同时营造良好的绿色环境。

究竟还存在着一个叫建筑的东西，一个在一切中最可爱的东西，一个
快乐的人的产品。这个产品本身也产生了快乐的人。快乐的城市是那些
具有建筑艺术的城市。建造的目的是把构件树立起来，而建筑的目的是
动人。
　　　　　　　　　　　　　——柯布西耶

Play in the Space

游戏空间
Activity

东立面图 1:200

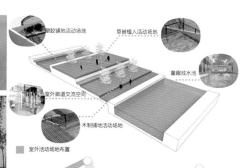

塑胶铺地活动场地
草被植入活动场地
童趣戏水池
室外廊道交流空间
木制铺地活动场地

室外活动场地布置

活动室空间

坡道下活动空间

通透玻璃空间

阅读 观察 音乐 体育

幼儿活动主要分为动、静两种类型，室外活动更加促进幼儿前期的智力发育与身心健康，户外的设计促进了幼儿的攀爬能力，增加了活动的多样性。

Play in the Space

游戏空间
Activity

菱趣戏水池

结合基地东侧良好的水系与绿色景观带，在园区内营造丰富有趣的戏水池，同时将活动场地布置在基地的东侧，高高低低的积木堆积，使得戏水池饶有情趣，阳光满溢，景观宜人，为儿童营造了极好的室外活动场地。

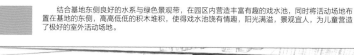

建筑材质选择及思考

浅色的松木作为外墙装饰，营造温馨自然之感，为幼儿创造亲近自然的第一印象。

清水混凝土作为主要立面材质，直观表达，简洁明了，带来清爽自由的感觉。

深色原木作为楼梯踏面材料，既有很好的装饰效果，同时具有良好的维护作用。

玻璃用于大空间的屋面以及廊道中，营造出不同于实体空间的体验，激发儿童的好奇心和求知欲。

绚丽缤纷的彩色鹅卵石点缀屋顶斜面，给幼儿带来轻松、愉悦、活泼的快乐体验。

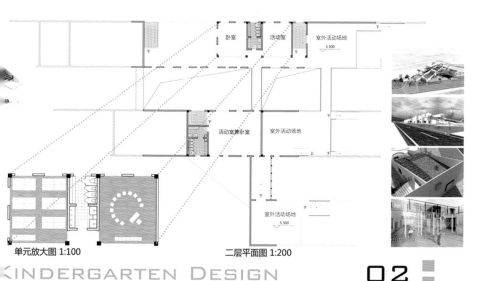

卧室
活动室
室外活动场地
3.300

活动室兼卧室
室外活动场地

室外活动场地
5.300

单元放大图 1:100

二层平面图 1:200

KINDERGARTEN DESIGN

02

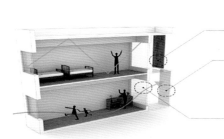

夏季起遮阳作用的木板，日常作为装饰性材料

起支撑和装饰作用的隔墙

通透的玻璃更加有利于采光通风

参赛人员：任春雨
指导老师：王　薇

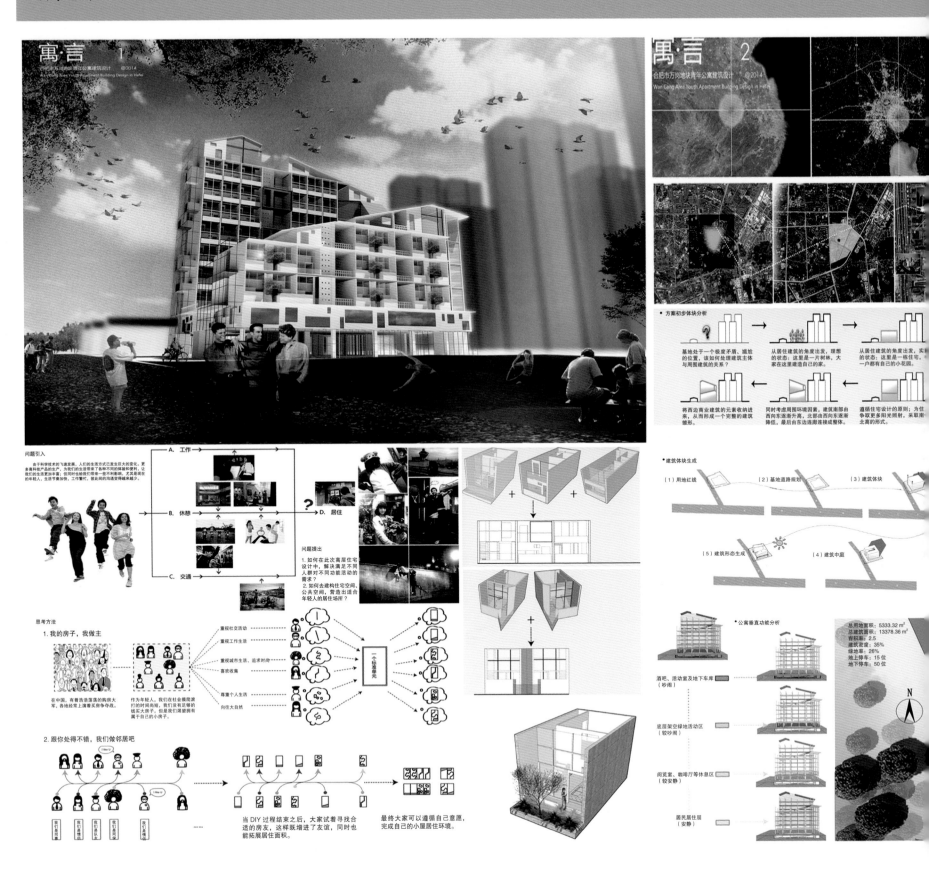

寓·言 1
合肥市万岗地块青年公寓建筑设计 @2014
Wan Gang Area Youth Apartment Building Design in Hefei

禺·言 2
合肥市万岗地块青年公寓建筑设计 @2014
Wan Gang Area Youth Apartment Building Design in Hefei

• 方案初步体块分析

基地处于一个极度矛盾、尴尬的位置，该如何处理建筑主体与周围建筑的关系？

从居住建筑的角度出发，理想的状态：这里是一片树林，大家在这里建造自己的家。

从居住建筑的角度出发，实际居住的状态：这里是居住宅，一户都有自己的小花园。

将西边商业建筑的元素收纳进来，从而形成一个完整的建筑雏形。

同时考虑周围环境因素，建筑南部由西向东逐渐升高，北部由西向东逐渐降低，最后由东边连廊连接成整体。

遵循住宅设计的原则：为住宅争取更多阳光照射，采取南低北高的形式。

• 建筑体块生成

（1）用地红线　　（2）基地道路规划　　（3）建筑体块

（5）建筑形态生成　　（4）建筑中庭

问题引入

由于科学技术的飞速发展，人们的生活方式已发生巨大的变化。更多高科技产品的生产，为我们的生活带来了各种不同的体验和便利，让我们的生活更加丰富；但同时也给我们带来一些不利影响，尤其是现在的年轻人，生活节奏加快，工作繁忙，彼此间的沟通变得越来越少。

A. 工作
B. 休憩
C. 交通
? ⇒ D. 居住

问题提出

1. 如何在此次高层住宅设计中，解决满足不同人群对不同功能活动的需求？

2. 如何去建构住宅空间、公共空间，营造出适合年轻人的居住场所？

思考方法

1. 我的房子，我做主

在中国，有着浩浩落落的购房大军，各地经常上演着买房争夺战。

作为年轻人，我们在社会摸爬滚打的时尚购买，我们没有足够的钱买大房子，但是我们渴望拥有属于自己的小房子。

重视社交活动
重视工作生活
重视城市生活、追求时尚
喜欢收集
尊重个人生活
向往大自然

一个标准单元

2. 跟你处得不错，我们做邻居吧

当DIY过程结束之后，大家试着寻找合适的房友，这样既增进了友谊，同时也能拓展居住面积。

最终大家可以遵循自己意愿，完成自己的小屋居住环境。

• 公寓垂直功能分析

酒吧、活动室及地下车库
（吵闹）

底层架空绿地活动区
（较吵闹）

阅览室、咖啡厅等休息区
（较安静）

居民居住
（安静）

总用地面积：5333.32 m²
总建筑面积：13378.36 m²
容积率：2.5
建筑密度：35%
绿地率：26%
地上停车：15 位
地下停车：50 位

N

建筑结构分析

寓·言 3
合肥市万岗地块青年公寓建筑设计
Wan Gang Area Youth Apartment Building Design in Hefei

5. 穿插在建筑内的多种观景平台，可以让居民有更多的新鲜趣味和乐趣，通过多种视角去了解自己居住的地方，以及周围的环境。

4. 太阳升起的地方，清晨驻足于此，欣赏东方的日出。同时，它连接着此两端，同层的朋友可以在这里聊天，消遣时光。

1. 置于建筑西立面和底层的钢框架，主要用于种植花卉，这样既能起到美化立入口环境的作用，同时也能太大降低西晒对住户的不利影响。

2. 每一个房间都是这个居住机器的一个零部件，它们不必统一相同，相反它们的形态多种多样，户型由年轻的户主自己决定，从而组成一个多变的居住体。

3. 二层的户外平台提供异于底层架空的活动场地，这里更多是居民短暂停留、休息、交流的场所。

二层平面图 1：250

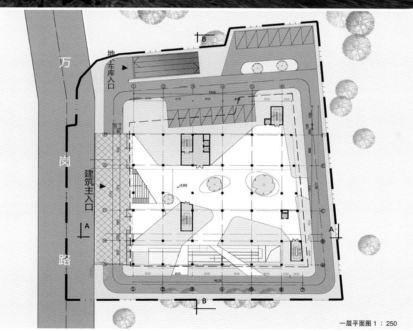

一层平面图 1：250

三层平面图 1：250

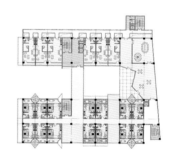

四层平面图 1：250

商业

地质家园

地下负一层平面图 1：250

五层平面图 1：250

2013 年全国大学生绿色校园概念设计大赛 三等奖

参赛人员：王梓瑞 谢东方 张 梦
指导老师：季文媚 戴 慧

竹子
（可再生材料）

钢架网格
（便于雨水渗透）

Connecting Box 1

针对校园闲置绿地利用率解决方案

设计说明

背景：当今，随着大学扩招的进程，很多学校通过建立新校区来扩大学校规模，鉴于学校未来发展的不确定性，大量绿地被闲置，同时也不能在其上建立大规模的永久景观。这些绿地空旷但没有种植相应的植被或建立公共设施吸引人流活动，导致其没有被很好地使用，这也造成了土地的浪费，不符合绿色环保的规划设计观念。

世界各地无数闲置的集装箱在各个港口占据着空间，其中一个很重要的原因是由于将空集装箱运回到出发地的费用过于昂贵，甚至超过了集装箱的成本，这使得集装箱成了一次性使用的工具，造成了集装箱的浪费。

策略：通过改造、拼接集装箱，将其设计成一个可移动、方便拆装的符合校园生活的多功能空间，以此丰富被闲置绿地的活动属性与趣味性，使绿地有了被利用的价值，同时利用废弃与可再生材料，也响应了建筑实现零消耗的绿色建筑理念。

场地分析

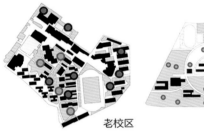

老校区

新校区

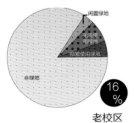

16%

老校区

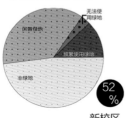

52%

新校区

通过上面表格得到新校区虽然绿化率很高，真正可使用绿地（人们自发在其上进行活动的绿地）比例却低于老校区，原因在于老校区绿地用地分散、尺度宜人且多数绿地上拥有活动器材，吸引人群。

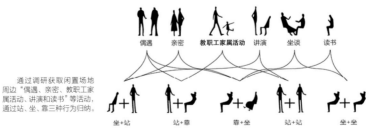

通过调研获取闲置场地周边"偶遇、亲密、教职工家属活动、讲演和读书"等活动，通过站、坐、靠三种行为归纳。

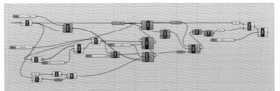

将得到的五种行为通过参数化方式进行随机组合排列。

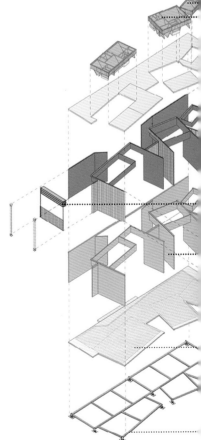

立面涂料

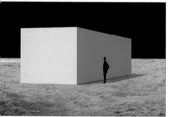

统粗糙立面体块感强，影
人在草地上的视觉感受。

表面刷亚光反射涂料，体现建筑的
消隐，同时不产生过度的反射光。

钢架网格
（便于雨水渗透）

Connecting Box 2
针对校园闲置绿地利用率解决方案

太阳能电池板
通风天井

集装箱表皮

活动挡板

内部饰面层

活动立面

衔接立柱

钢架网格

架空钢架

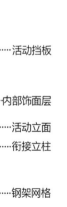

单体两侧挡
板可折叠，冬天挡
风，夏天可放下，
只允许风从下面
穿过，引导冷空
气带动热空气从
通风管道排出。

单体衍生组合

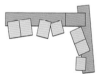

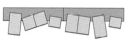

参赛人员：杨圣喆　徐　慧
指导老师：王　薇

校园生态廊
Gampus Ecological Corridor

1

设计说明：

整个设计以水灾为切入点，试图把生态节能和校园人文关怀结合起来，打造一条独特的校园生态走廊。

在设计构思过程中，注重建筑、景观、规划的三位一体，以河流为联系，建立一条生态轴线。并且改造以前的污水河，保留原有污水处理站，使其形成一个污水处理的系统。改造河边老建筑，使其地上部分能有效地应对复杂的校园环境和人文需要；同时地下部分建立河水净化系统，与污水处理相结合形成一个完整的水循环利用系统。

在整个设计中最重要的不是生态、校园、人文等个体的东西，而是在寻找它们之间的关系，一种统一、和谐的关系。

校园景观绿色装置

校园文化交流中心

保留原来弯曲的道路形式和中心景观点，开阔新的景观空间。

原先场地中有多棵树木，因此在装置设置中保留原有树木位置。

水景的引入

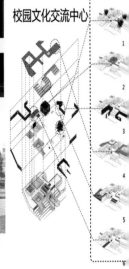

空间分析：

1. 将周围景观带引入建筑内部，营造空间削弱建筑陌生感。

2. 连廊的末端是古树景观，视线范围内皆绿色。

3. 建筑主要立面正对学校景观带，大台的建筑设计使得景观带的观赏作用被充分用。

4. 多功能厅顶为高反射玻璃板，将室外阳引入室内，并且通过太阳能板进行能源收。

5. 建筑、树木、水面三种要素交错与建间内部形成丰富的空间感受。

6. 太阳能板的利用将建筑的能源消耗实现"零"消耗。

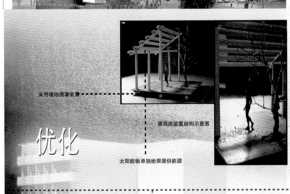

采用埋地滴灌装置

景观房装置结构示意图

太阳能板单独给泵提供能源

优化

改造

2

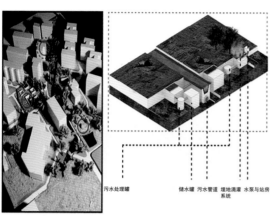

污水处理罐　　　　储水罐　污水管道　埋地滴灌　水泵与站房
系统

生态分析

— 原有建筑轴线
— 校园生态轴线

将原有小花园进行优化，使其地上成为学生交流、分享和休息的空间，地下为河水净化装置，使雨水得到有效的利用。洪汛期可兼做储水装置。　原有污水站完整保留，进一步处理校园污水。　原有建筑进行改造，使其上成为交流空间，地下为河水净化装置。

交流场合心理

道路上　　不确定性　　树林间

基地现状和改造

● 一号基地

景观优化

● 二号基地

建筑改造

● 三号基地

景观优化

概念构思

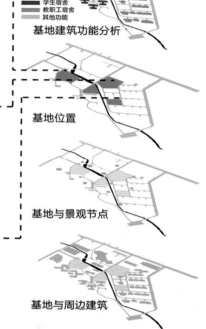

图书馆
学生宿舍
教职工宿舍
其他功能

基地建筑功能分析

基地位置

基地与景观节点

基地与周边建筑

形成生态轴线

案概念及材料的绿色应用：

建筑方案尊重原先地形，保留原古树的位置，利用隔墙进行分割形成独特的树下空间。

建筑中部体块内围墙地方铺上太阳能板，取实现建筑的"零"能耗的可能。

原先建筑红线内有破旧的一层砖墙建筑，过调研可知该建筑只有砖块可继续使用，以在建筑主要的墙面用原先的砖块堆砌，利于材料的再利用。

对于建筑顶层的花园运用竹板铺设。

保留原先建筑前草坪，移植到建筑前台阶间前，改变原先草坪的观赏作用为可提供休息的休憩空间。

配合校园水体循环系统，营造"四水归堂"体验空间，从而改变建筑小气候，达到形绿色建筑的目的。

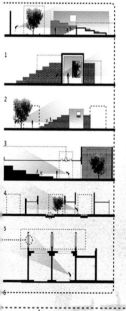

应对校园内涝水循环系统装置位置图与示意图

所选学校地处洼地段，加上本身地处江南地区，全年多雨，每逢大雨会导致小范围的内涝，从而影响学生生活和学习，因此，在此大环境下我们提出了在原有河流为基础的前提下，放置储水罐，罐的容积通过雨量的大小而定，从而形成了多个有储水功能的装置，紧接着将装置置入校园水循环系统中，从而形成一套完整的校园水体循环再利用的过程。

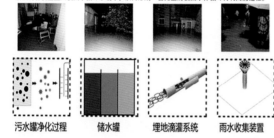

污水罐净化过程　　储水罐　　　埋地滴灌系统　　雨水收集装置

污水罐净化过程　自来水经过预处理池，隔离灌浮物和杂质，再进入超细隔栅去除毛发和纤维等，最后经过生化处理达到标准后排向自然。

储水罐　通过分析该地区暴雨降雨量，将储水罐最大深度定为两米，从而达到储水、缓解内涝的作用。

埋地滴灌系统　埋地滴灌系统将二次循环用的水再次利用在浇灌中，通过埋地滴灌改善校园环境，达到形成绿色校园的目的。

雨水收集装置　密集排布在校园内涝地段，上面莲蓬头可拆卸进行清理以免堵塞。

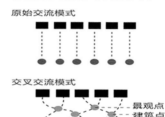

一次净化水和雨水　污水处理　　雨水收集　二次净化　二次净化水　泵房

河水

生活污水

生态　应对校园内涝水体循环系统的流程示意图

校园交流文化分析

原始交流模式

交叉交流模式

景观点
建筑点

背景分析

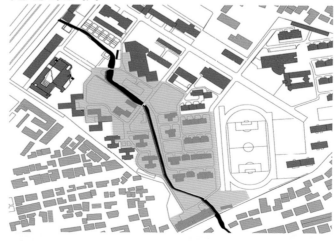

校园受灾区域

全国水灾易发点

校园水灾实景

参赛人员：王梓瑞
指导老师：戴　慧

总平面图

一种文脉 三个层次
黟县朱村古建改扩建会所设计

基地说明：
基地位于徽州黟县屏山镇朱村村头，基地内有两座民国时期的徽派宅子，其中一座为近代徽派名流朱晋侯所建，两座宅子之间形成的一条巷道"辰枢拱巷"，是当地的记忆符号。古宅为保留建筑，建筑红线内其他建筑没有任何历史价值均拆除重建。基地周边环境大部分为新中国成立初期所建，肌理已与传统徽派街巷肌理脱节，唯有基地对面的小溪北岸有座徽派古宅，形成对景。

徽源建筑典型特征

封闭墙面　　天井采光　　竖向分区

私密性沿垂直方向提升

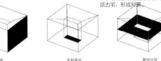

可控建筑范围

基地内扩建建筑受周围最高建筑层高影响，限高 12 m 以内，将扩建建筑分散设置，会形成视线线壁垒，无法在高密度基地内形成通透视线，将建筑做成高层，整体同样会形成没有适宜尺度感的墙面，并且阻碍观看保留建筑的视线。

通过设计与思考，放空建筑二层，满足一层沿街墙面宜人的尺度感。

由三层竖向划分空间的概念，截取周边建筑肌理的三分之一植入扩建建筑二层，放空空间，实现建筑内部对于周边肌理的延续。

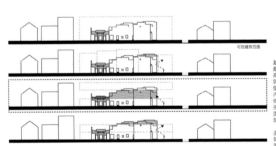

传统徽派建筑巷道空间为竖向狭窄的小巷，压缩的空间容纳收缩的景观。由于会所复杂的空间类型，单纯的窄巷空间已不能满足现代需求，因此将竖向压缩空间旋转 90°，形成横向压缩空间。收缩的视野可截取到周边环境的有利景观，山水空间与传统街巷空间在这里发生碰撞。

A-A 剖面图　　　　　　　　　　　　　　　　　　　B-B 剖面图

一层平面图

扩建建筑以一种生长的方式从保留建筑上延伸出来，保留建筑演化成整个建筑的外立面、内墙面。

二层平面图

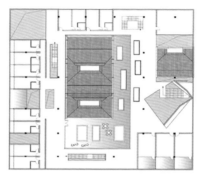

三层平面图

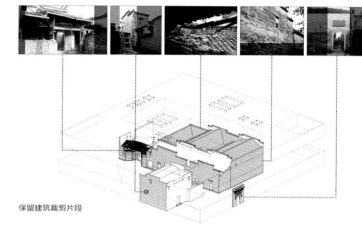

保留建筑裁剪片段

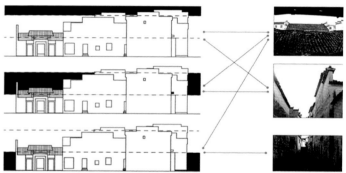

不同层得到的古建景观

采光天井   绿化天井

结合会所建筑功能的复杂性与多义性，将天井采光演变成不穿透、穿透一层、穿透两层三种采光井的形式，穿透型采光井利用单向玻璃达到传导与投射光的效果，同时满足私密与采光的需求。

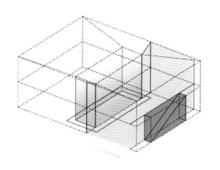

徽派建筑中天井处于核心位置，光从天井进入扩散后将天井形成白、灰、黑三种属性空间，天井采光的同时体现了光的传导与限定的两种属性。

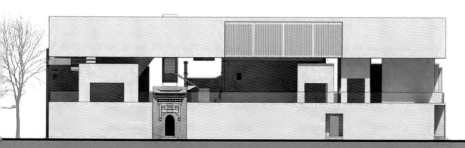

北立面图

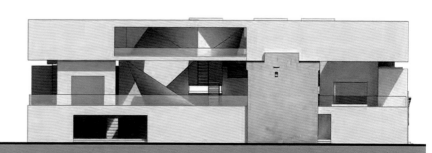

东立面图

参赛人员：王梓瑞
指导老师：戴　慧

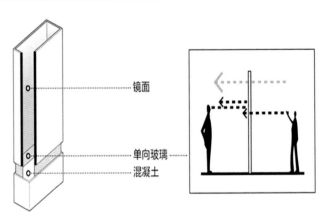

结合会所建筑功能的复杂性与多义性，将天井采光演变成不穿透、穿透一层、穿透两层三种采光井的形式，穿透型采光井利用单向玻璃达到传导与投射光的效果，同时满足私密与采光的需求。

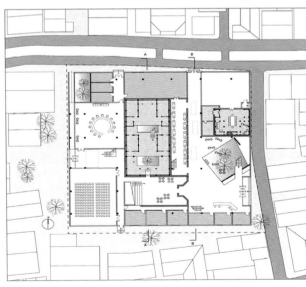

一层平面图

二层平面图

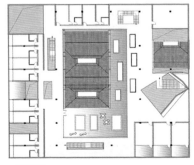

三层平面图

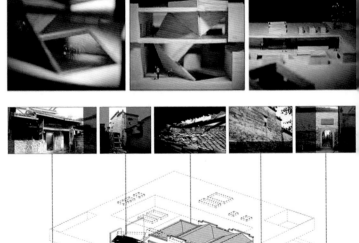

保留建筑裁剪片段

不同层得到的古建景观

徽派建筑中天井处于核心位置，光从天井进入扩散后将天井形成白、灰、黑三种属性空间，天井采光的同时体现了光的传导与限定的两种属性。

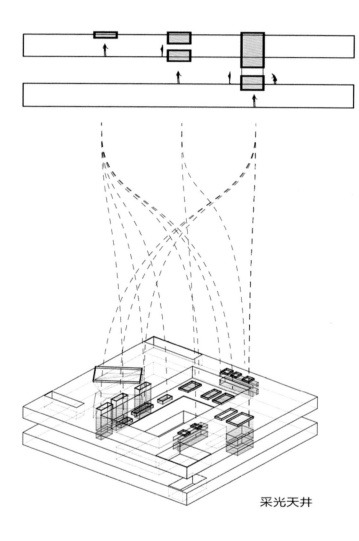

采光天井

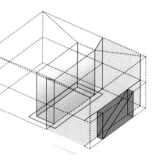

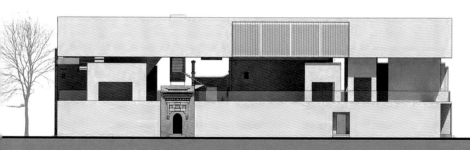

北立面图

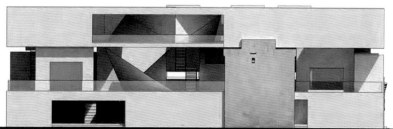

东立面图

2012 年 UA 创作奖 • 概念设计国际竞赛 佳作奖

参赛人员：陈家傲 叶恒之 周千柳
指导老师：王 薇 胡 俊

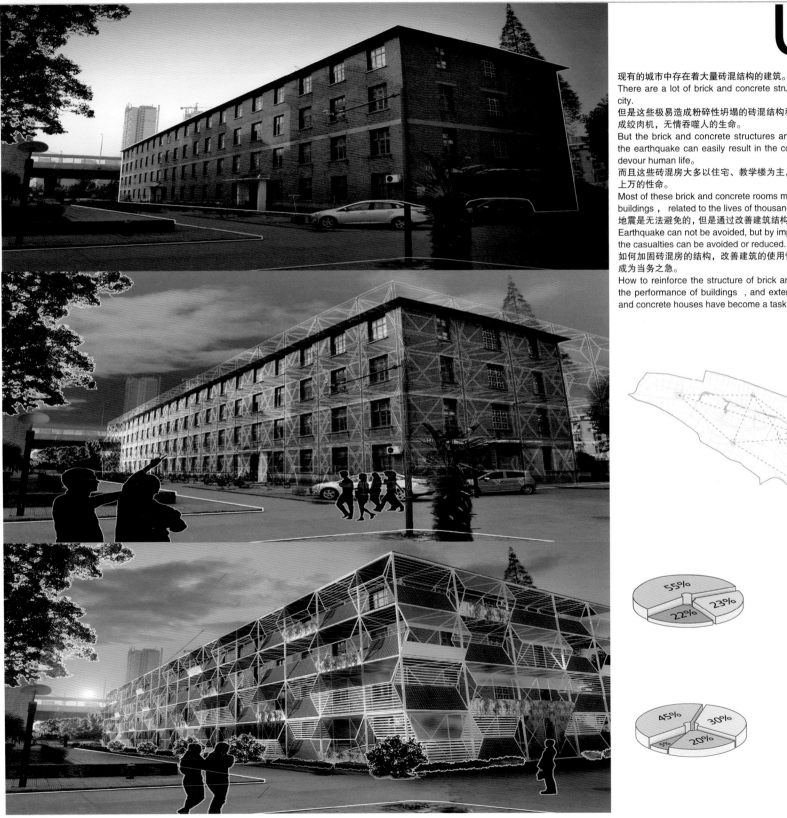

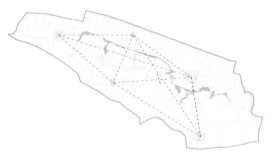

现有的城市中存在着大量砖混结构的建筑。
There are a lot of brick and concrete structure building in the existing city.

但是这些极易造成粉碎性坍塌的砖混结构和预制混凝土楼板在地震中变成绞肉机，无情吞噬人的生命。
But the brick and concrete structures and precast concrete floors in the earthquake can easily result in the collapse smashing , ruthlessly devour human life。

而且这些砖混房大多以住宅、教学楼为主，并且数量庞大，关系到成千上万的性命。
Most of these brick and concrete rooms mainly residential or classroom buildings ， related to the lives of thousands of people.

地震是无法避免的，但是通过改善建筑结构，伤亡是可以避免或减少的。
Earthquake can not be avoided, but by improving the building structure, the casualties can be avoided or reduced.

如何加固砖混房的结构，改善建筑的使用性能，延长砖混房的使用年限成为当务之急。
How to reinforce the structure of brick and concrete houses, improve the performance of buildings ， and extend the useful life of the brick and concrete houses have become a task of top priority.

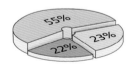

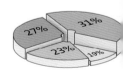

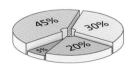

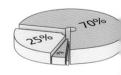

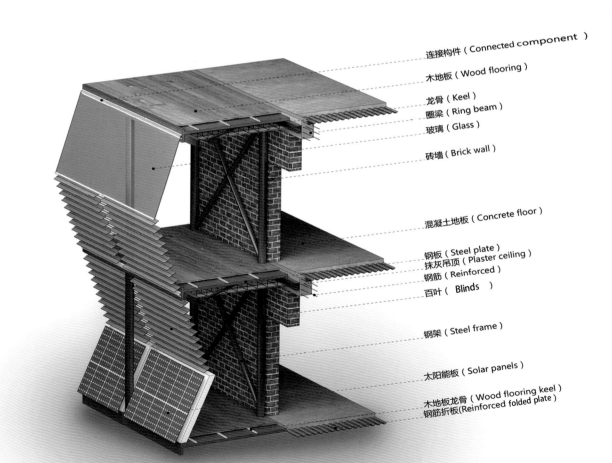

连接构件（Connected component ）

木地板（Wood flooring ）

龙骨（Keel ）
圈梁（Ring beam ）
玻璃（Glass ）

砖墙（Brick wall ）

混凝土地板（Concrete floor ）

钢板（Steel plate ）
抹灰吊顶（Plaster ceiling ）
钢筋（Reinforced ）
百叶（ Blinds ）

钢架（Steel frame ）

太阳能板（Solar panels ）

木地板龙骨（Wood flooring keel ）
钢筋折板(Reinforced folded plate)

2012 年 UA 创作奖·概念设计国际竞赛　佳作奖

参赛人员：王梓瑞　谢东方　杨圣喆
指导老师：王　薇

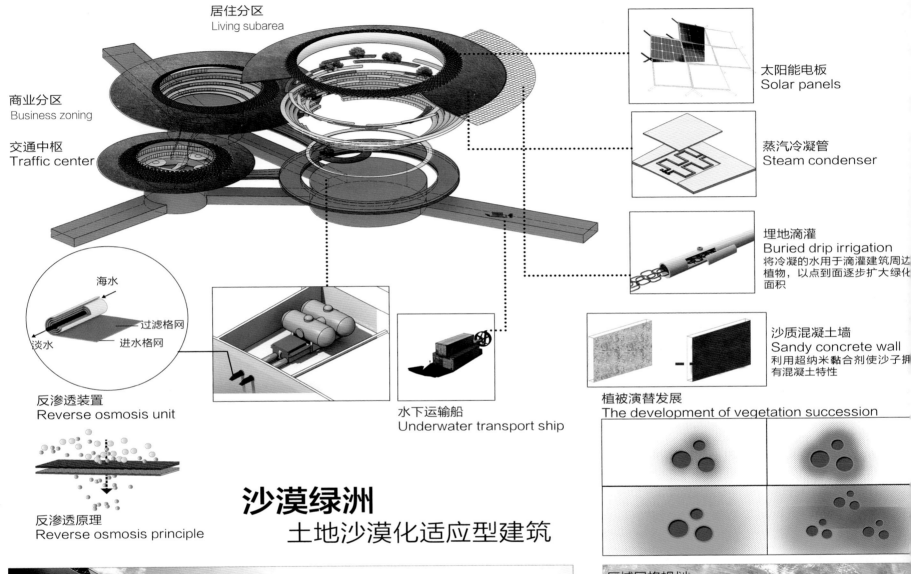

居住分区
Living subarea

商业分区
Business zoning

交通中枢
Traffic center

太阳能电板
Solar panels

蒸汽冷凝管
Steam condenser

埋地滴灌
Buried drip irrigation
将冷凝的水用于滴灌建筑周边植物，以点到面逐步扩大绿化面积

海水
淡水
过滤格网
进水格网

反渗透装置
Reverse osmosis unit

水下运输船
Underwater transport ship

沙质混凝土墙
Sandy concrete wall
利用超纳米黏合剂使沙子拥有混凝土特性

反渗透原理
Reverse osmosis principle

植被演替发展
The development of vegetation succession

沙漠绿洲
土地沙漠化适应型建筑

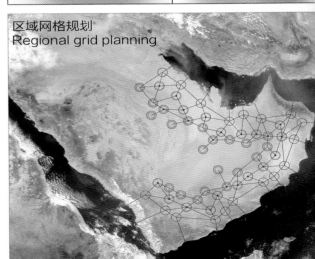

区域网格规划
Regional grid planning

匠心築境
建筑与规划学院 **优秀作品集**

沙漠绿洲
土地沙漠化适应型建筑

Desert Oasis
Adaptive architecture for land desertification

原理：连通器
Communicating vessel

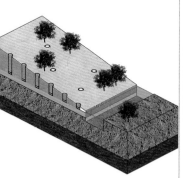

坎儿井
Karez
将中国古代新疆人民在沙漠中取水的方式作为设计的原型

将水引入沙漠，让沙漠参与到水循环当中
Make water into the desert, and the desert to participate in the water cycle

借鉴沙漠中历史最悠久的建筑形制
Learn from the oldest architectural form in the desert

扬起的混凝土板盖住建筑，抵御风沙
Raised concrete slab covering the building to withstand sandstorms

倒置锥体，将建筑靠近水体，利用水的特性，维持建筑恒温
The inverted centrum,the building close to the water, using the characteristics of water to keep the building at a constant temperature.

根据光照角度，调整建筑形态
According to the illumination angle, adjust the architectural form

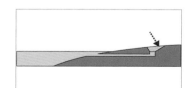

2012 年第二届"艾景奖"国际景观规划设计大赛 铜奖

参赛人员：蔡晓晗 姜晓帆
指导老师：吴运法 吕学昌

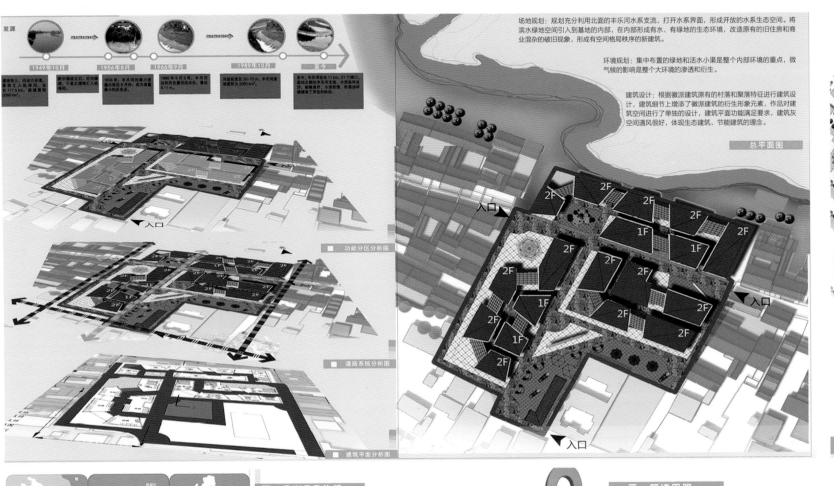

场地规划：规划充分利用北面的丰乐河水系支流，打开水系界面，形成开放的水系生态空间。将滨水绿地空间引入到基地的内部，在内部形成有水、有绿地的生态环境，改造原有的旧住房和商业混杂的破旧现象，形成有空间格局秩序的新建筑。

环境规划：集中布置的绿地和活水小渠是整个内部环境的重点，微气候的影响是整个大环境的渗透和衍生。

建筑设计：根据徽派建筑原有的村落和聚落特征进行建筑设计，建筑细节上增添了徽派建筑的衍生形象元素，作品对建筑空间进行了单独的设计，建筑平面功能满足要求，建筑灰空间通风很好，体现生态建筑、节能建筑的理念。

总平面图

1949年10月 1956年8月 1966年9月 1989年10月 至今

功能分区分析图
道路系统分析图
建筑平面分析图

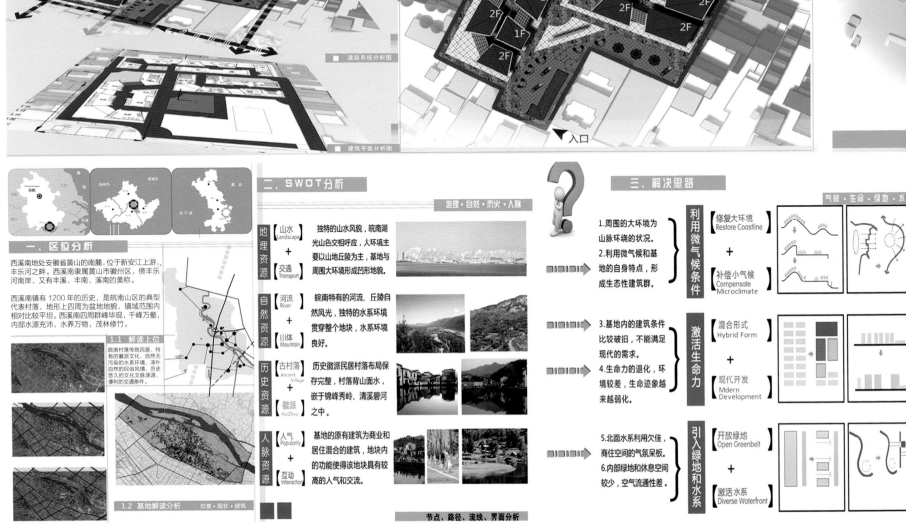

二．SWOT分析
地理·自然·历史·人脉

一、区位分析

西溪南地处安徽省黄山的南麓，位于新安江上游，丰乐河之畔。西溪南隶属黄山市徽州区，傍丰乐河南岸，又有丰溪、丰南、溪南的美称。

西溪南镇有1200年的历史，是皖南山区的典型代表村落镇，地形上四周为盆地地貌，镇域范围内相对比较平坦。西溪南四周群峰毕现，千峰万壑，内部水源充沛，水养万物，茂林修竹。

1.1 解读上位

皖南村落传统民居、特有的徽文化、自然无污染的水系环境、淳朴自然的民俗风情、历史悠久的文化文脉渊源、便利的交通条件。

1.2 基地解读分析 位置·现状·建筑

地理资源	【山水】Landscape + 【交通】Transport	独特的山水风貌，皖南湖光山色交相呼应，大环境主要以山地丘陵为主，基地与周围大环境形成凹形地貌。
自然资源	【河流】River + 【山体】Mountain	皖南特有的河流、丘陵自然风光，独特的水系环境贯穿整个地块，水系环境良好。
历史资源	【古村落】Ancient Village + 【徽派】HuiZhou	历史徽派民居村落布局保存完整，村落背山面水，嵌于锦峰秀岭、清溪碧河之中。
人脉资源	【人气】Popularity + 【互动】Interaction	基地的原有建筑为商业和居住混合的建筑，地块内的功能使得该地块具有较高的人气和交流。

节点、路径、流线、界面分析

三、解决思路

气候·生命·绿地·水

1.周围的大环境为山脉环绕的状况。
2.利用微气候和基地的自身特点，形成生态性建筑群。

利用微气候条件

【修复大环境】Restore Coastline + 【补偿小气候】Compensate Microclimate

3.基地内的建筑条件比较破旧，不能满足现代的需求。
4.生命力的退化，环境较差，生命迹象越来越弱化。

激活生命力

【混合形式】Hybrid Form + 【现代开发】Mdern Development

5.北面水系利用欠佳，商住空间的气氛呆板。
6.内部绿地和休息空间较少，空气流通性差。

引入绿地和水系

【开放绿地】Open Greenbelt + 【激活水系】Diverse Waterfront

匠心篝境

基地受丰乐河大的水系环境气候的影响，湿度和空气质量好。加上基地靠近丰乐河支流水系，水系在基地的北侧蜿蜒而过。

● 基地东西两侧的建筑为商业和居住混合的皖南民居风格的建筑，基地内部现有建筑和周围风格一致。

● 基地内的建筑规划为商住混合，我们通过利用文化和生态的结合，对环境和建筑进行活性修复和改造。

一生痴绝处，无梦到徽州。

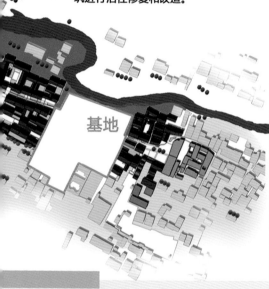

基地

鸟瞰图

现状大多比较破败，但是皖南的传统街巷、建筑文化特色非常鲜明。建筑设计的部分主要根据现有的风格和形象进行改造设计，与原来的建筑文化相协调，形成特色延续的新街巷。

特色点索引

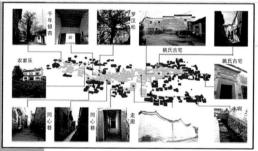

千年银杏
罗汉松
农家乐
姚氏古宅
姚氏古宅
同心巷
同心巷
走廊
水圳

— 根据规划范围及周边特色点的索引，引导出街区更新保护的重点和活力点。
— 如千年古银杏、罗汉松即为景观节点。
— 姚氏古宅、老屋阁为游览重点。
— 同心巷则是狭长迂回的徽派室外空间特色。
— 水圳引导着古村落的生活方式，也同样可以引导街区更新后的流线和行走空间。

建筑与路径之间的影响，形成互通式的干扰空间。

路径与建筑内部的渗透，使得建筑留有缓冲空间。

缓冲空间的加大，节点的介入，形成第三空间。

空间要素的提取

生长 * 演变 * 组合

现有建筑围合成的空间，提取改造建筑元素。

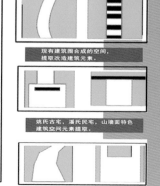

姚氏古宅、潘氏民宅、山墙面特色建筑空间元素提取。

同知巷尺度与符号，过街楼历史元素

独特的文化理念——文化与历史

本改造修复规划依托传统的徽派文化和悠久的民居历史，塑造传统与文化相结合的新片区、新街巷。

完整的生态理念——自然

建筑与周围环境融合，体现"天人合一"朴素的自然观。

可持续发展的理论和现代生态观

采用综合的、完整的生态设计方法，在所处位置的自然地理环境和小气候条件下，改造设计均考虑与自然的协调统一和对生态的改善。建筑的通风和流线充分利用北面丰乐河水系环境。

建筑的可持续再生

建筑前空间适配

流线与节点

场地西南侧鸟瞰

藝·院 ART & COURTYARD SPACE

安徽艺术职业学院新校区二期工程教学建筑设计 壹

设计构思

汉字印章空间的营造

·传统汉字对于建筑空间的启示

·设计理念取意于中国文化的精髓——书法、国画、篆刻，寓意笔墨之香、文化之韵，赋予更深层次的文化内涵。

·汉字是迄今为止连续使用时间最长的主要文字，属于表意文字的词素音节文字，在低年级的行走空间作业中，要求用汉字的字形为原型营造空间，这是令我印象最深刻的一次课程设计作业。汉字的字形很多是象形字，同时通过形象表现一定的含义。而如果我们将汉字的字形进行进一步的分析，就会发现其中蕴含着某种特质空间，是一种字形空间，通过图底的转化后，字形所营造的空间更加丰富。

·汉字字形向建筑空间的演变

艺 ➡ 藝 ➡ [image] ➡ [image] ➡ [image] ➡ [image]

·在这次的规划设计中，考虑到周边环境的单调，缺乏对方案的影响因素，因此从单纯的立意出发，试图探索适宜的平面形态。既然有汉字尤其是繁体字能代表某种含义，那字形是不是也蕴含某种特质的空间？通过搜集资料，搜索了一些汉字，发现了一些有趣味的字形所属含的空间，艺的繁体字"藝"，在其力繁的写法中营造出一种有趣味性的空间，于是从中截取一部分作为建筑初步的布局形态，经过简化和协调最终形成了一个"s"形和一个"一"字形主要空间。

·场地周边环境对方案形成的影响

·在既已形成拟建空间体块中，将印章空间形成的负形部分转换为室外空间，正形空间转换为室内实体空间。

·在利用汉字字形作为建筑形体的来源的同时，考虑到建筑空间的营造，在尊重原有机理的基础上营造丰富变化的室内外空间，徽州传统民居的布局包括了"口""日""H""凸""凹"等平面形式，将其进行组合，形成围合型的建筑群落布局，集中与分散相结合。

·方案模型

校园环境透视

区位及环境分析

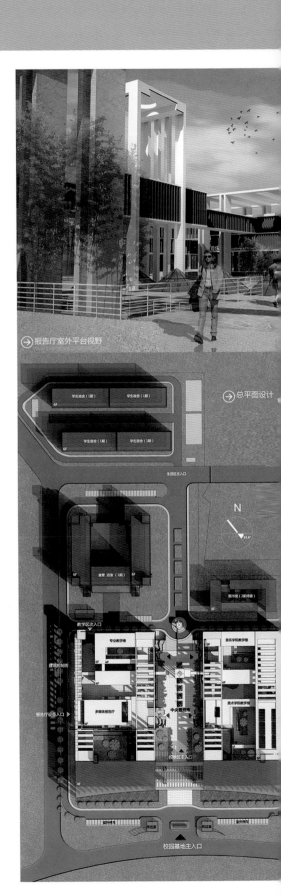

报告厅室外平台视野

总平面设计

匠心筑境
建筑与规划学院 优秀作品集

藝·院 ART & COURTYARD SPACE
安徽艺术职业学院新校区二期工程教学建筑设计 | 贰

总平面布局理念

传统民居院落平面形式

传统民居建筑带来的启示：

徽派建筑最有代表性的就是民居建筑，而徽州民居建筑最基本的构成是一个标准的三合院，三合院平面都很紧凑，基本形式多为矩形，堂、厢房、门屋、庭等要素围绕在方形天井形成封闭式内院。根据建筑实体与天空空间的相对位置和组合形式的不同，也就是通过基本的三合院拼接，组合成四种基本的单元：①三合院基本形，即"凹"字形；②两个三合院对摆，中间一个天井；③两个三合院相反连接，呈"H"形，两端各一个天井；④两个三合院串联，三合院单元之间有砖石墙体分隔，一般只有两个主要出入口。

基于这四种基本类型，可以营造出宜人的建筑室内外环境，建筑实体与绿色空间之间的关系使我们的艺术教学楼的设计带来更多灵感。

传统书院形制

传统书院建筑带来的启示：

针对这次艺术学校的教学楼设计，从建筑和规划设计的角度，借鉴传统书院的理念。

建筑体块造型及功能分区

总平面分析

教学区功能分区　教学区交通分区　景观节点分布

→ 音乐学院入口透视

→ 建筑相关分析
→ 建筑立面处理

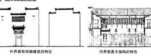

→ 百叶对视线的影响

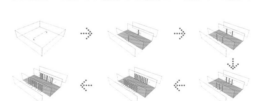

传统徽派建筑的启示：

→ 气候条件

建筑阴影变化范围　　冬至日太阳辐射情况

气候条件对立面处理的影响：

↓ 场地东南侧鸟瞰

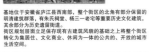

参赛人员：张一喆　方　怡
指导老师：王　薇

The Missing X ——基于城市图底理论的港湾老街区城市更新及街区灰体建筑群设计

区位背景

基地位于安徽省庐江县西南部，整个街区的北角有部分保留的明清建筑群落，有朱氏祠堂、杨三老宅等重要历史文化建筑，其余部分为历史遗留街道。

街区规划层面立足保存现有古建筑风貌的基础之上将整个街区转化为集居住、文化商业、休闲为一体的公共的、开放的城市生活空间。

现状分析

仅限于形式的模仿，让我们的空间本质失去了真正的味道。

具有历史价值的建筑在现代生活中应给予什么样的定位？

面临街区区外部的建设，种种的不协调，传统与现代该如何对话？

传统的街道空间尺度宜人。

马头墙传统元素值得我们去思考和创新。

策略思路

优势

地块位于城市中心腹地，地势极佳，具有浓厚的历史文化资源和传统的商业氛围，商业开发潜力大，现有的开发强度较低，发展空间可进一步拓展。

劣势

区块内的交通组织混乱，居民生活单调，城市元素无连贯性，街区价值如原有城市空间肌理、形态得不到认知，旅游商业潜质得不到开发。

如何定位历史建筑及其与周边的关系？

现有的道路肌理和长期形成的开放空间、绿地，遗弃还是重新出发。

- 潜在开放空间
- 现状绿化
- 原有道路肌理

院——巷

基于空间特质的有机更新

城市空间组织源于地块本身的肌理，从空间的剪影中我们抽象出了院与弄的元素，以此组织新的建筑空间形态，实现地块的有机更新。

规划意象

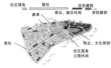

The Missing X

——基于城市图底理论的港湾老街区城市更新及街区灰体建筑群设计

在对基地城市街区空间规划的同时，我们只是给予空间主要合理功能的划分，同时体现传统肌理的延续，实际上生活在街区空间中人的行为带有各种不确定性，而非单一性的。在规划的街区中我们提供了这样一个"底"（城市街区空间）的概念，而上面的图（特指那些非限定性小型公共建筑）是伴随着人的行为的可能性而丰富多彩的，这类与人的可能性行为相伴而生的建筑，我们称之为城市灰体建筑群，他们具有多功能性，布点广泛，同时体现地域特色。我们对庐江当地的一个广场中人的行为活动情况进行了调研，以此为根据，探讨各种可能性的灰体建筑。

更新的院落与巷道的绿化空间形成绿廊，这样的线形空间在城市街区中衍生，构建网络，使街区重新焕发绿色与传统生活气息。

原有的院落空间自成体系较封闭，与外界交流甚少。

将实体的一边打通，促进生内部空间与外部空间的联系渗透。

单边的后退形成居住与公共活街道的灰色空间，模糊界限加强了街道空间的趣味性。

内聚式的院落与条状建筑形的线形空间彼此呼应，避免单调性。

原有良好的弄堂空间给予保留，建筑的院落可随这一空间进行内聚与开敞处理，院与弄紧密结合，形成新的有机生活空间。

功能布局

规划充分考虑了基地内部建筑的使用现状，同时兼顾了与周边地块的紧密结合。通过对街区北半角的历史建筑进行实地调研，发现这些建筑的历史文化价值也不尽相同，我们对建筑进行了有区别的保护与改造，结合改造形成的步行街，使这里形成了以文化旅游、购物休闲为一体的城市公共生活空间。其余地段的沿街也辅以部分商业，社区组团内部拥有独立的社区服务中心，点式布置形成完整的网络。

景观分布

景观绿化强调点线结合，在原有基地内的绿地基础之上加以整合、扩大或新开辟绿化空间，让每个社区组团内部拥有一定的绿地，绿地之间相互沟通形成完整的绿带，通向城市的滨水景观空间，构成了城市绿化廊道的一体性。

交通流线

交通线路基于地块长期形成的巷道空间，这种原始的空间有一定的合理性的同时又具有一定的生命力，在梳理出的巷道空间里，我们进行了取舍与改造，形成合理的人车分流空间，步行街道三面拥有车行道，内部为步行空间，居住组团内部结合院落绿化空间形成步行轴，同时也与内部的社区服务紧密结合起来。

由院落、巷弄衍生出的现代城市共享空间

必要性行为
自发性行为
随意性行为

场所确定行为，行为形成场所

对街商场大屏幕幕墙广场上的人群有超大的徘徊逗留的行为。

商场的宣传行为在广场形成宣传场所。

市民休闲的行为形成室外闲散场所。

街区景观

步行街鸟瞰

步行街的设计突出了保护老建筑，同时展现现代生活气息的元素，融入地域特色。新老建筑彼此共存，以展示城市发展。街道空间有放有收，适当曲折变化。入口广场和中间的历史建筑前的广场组成了步行街的节点序列。

步行街入口注重当地传统元素的运用，空间丰富多变。

留存的古建筑是步行街入口良好的对象，在古建正面的建筑后退形成广场，构成积极的过渡空间，以示对历史的尊重。

The Missing X ——基于城市图底理论的港湾老街区城市更新及街区灰体建筑群设计

【 X 】

不确定性

人自发性的习惯决定了空间的不确定性和随意性。

1 沿街交易空间

1.1 室内空间的延伸是沿街商业的最佳交易场所，是居民外出的缓冲空间；室外空间的延伸使得街道两边形成空间划分，有遮阳、挡雨的作用。

1.2 出挑加深，私密感增强，形成城市驻留空间。

2 台地空间

2.1 高差形成空间分隔。

2.2 增加高差，形成着与被看空间。

3 廊道空间

3.1 廊道空间，连接两地的交通。

3.2 拓宽廊道空间，形成休闲空间和交通空间。

传统沿街商业
改造前老街沿街商业
传统观景桥亭
传统戏台
传统楼桥

【 TRADITION 传统 】

通过前期和中期对古建周边居民的走访记录以及近两百份问卷调查综合研究分析后得出如下结论：他们并不需要高楼，并不需要宏大叙事的、冷漠的混凝土，反而最需要的是对已经遗失的市井文化、市井空间的再创造。只有这样才能体现出植根于他们内心深处的"家"。

邻里关系满意度
生活便捷程度
居民人口年龄组成
四季宜居程度
人口职业组成

【 MODERN 现代 】

多功能性

多样化的生活需要多功能性的空间。

生活　交通　景观　娱乐　交流　私密

过度开发带来的压抑
批量生产带来的单调
仓促工作带来的沉闷

休闲空间
交流空间
待定空间

现代生活的重要特征是综合体的产生，原本较为单一的建筑空间被多功能、综合性的组团所取代，这到底是一种进步还是倒退值得深思。

【 FUTURE 未来 】

【 City + X = Life 】 X——城市灰体

城市街区的图底关系里，底的内容决定了城市的肌理，而图就是影响城市生活方式的建筑。在我们城市中大多用一些标志性或典型性的建筑达到宣传城市文化、特色的作用，殊不知这些单体建筑的宏大叙事的风格特征让人们记住了建筑，却忘记了城市，更忘记了城市中的最普通的文化。

所谓城市灰体，就是想通过城市中一些最平常的小型公共建筑来展现即将遗失的市井文化，这一元素是街区特色的基本原体现，同时把城市底板中的街区空间，用现代的技术与庐江港湾街区的传统文化相结合，创造一个可居、可观、可游的独特城市。这些建筑看似不起眼，但是由于其数量很多、自成体系，在城市街区中几乎随处可见，同时又最贴近城市民大众，所以对城市公民的日常生活以及城市文化特性的形成都有很重要的作用，同时也是最普遍与寻常的历史文脉写照。在塑造城市街区空间的同时，城市灰体带有各种不确定性，此次对灰体建筑群的设计主要以改造的步行街为底，探讨人的行为模式。通过对目标地块功能区位置的分析，城市灰体主要可以在以下的建筑中得以体现：

城市公共建筑
城市灰体的特质 多功能性、休闲、趣味、传统性、可移动性、景观、不确定性、趣味

"灰体"在街区的分布

WHAT DO WE NEED?

X6 X2 X1
延续 不确定性 可移动性 传统性 多功能性 趣味性 景观
X4 X5 X3

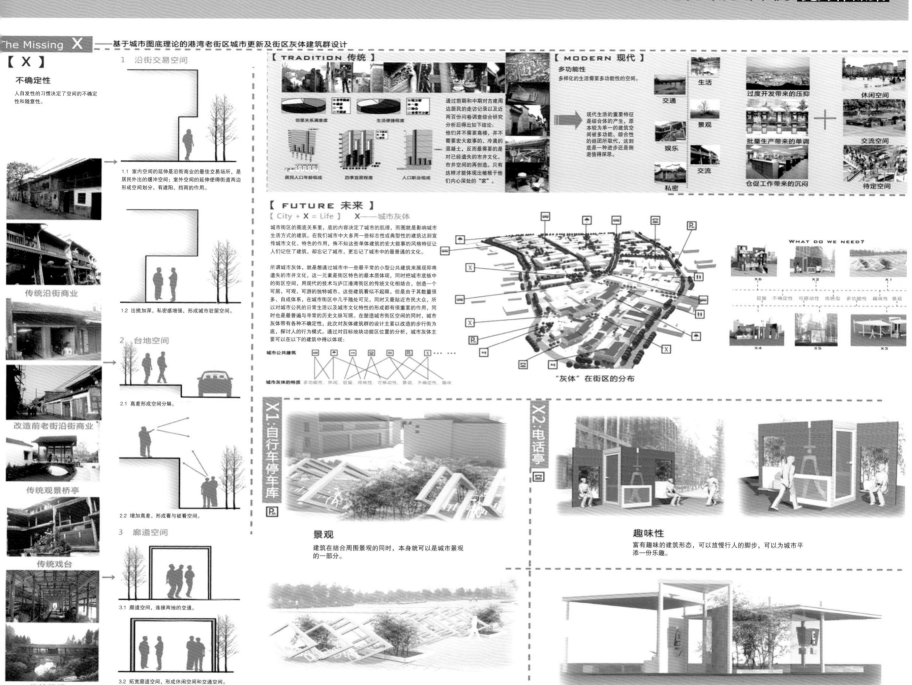

X1:自行车停车库

景观

建筑在结合周围景观的同时，本身就可以是城市景观的一部分。

X2:电话亭

趣味性

富有趣味的建筑形态，可以放慢行人的脚步，可以为城市平添一份乐趣。

X3:综合体

景观

建筑不仅仅是满足最基本的功能，更重要的是满足使用者的心理需要，为喧噪的城市生活带来一份舒缓之气。

传统性

满足城市最基本的功能，同时对传统砖墙进行改造，创造独特的城市公共空间。

多功能性

结合城市人群的日常生活，将公交车等候站、报亭和电话亭融合为一体进行设计，满足城市工作族的基本需要。同时，作为城市每日人群聚集区，也是最佳的宣传场所，延续城市空间的多样性。

参赛人员：何永乐
指导老师：左光之　季文媚

城市文化馆设计

·建筑分析 ANALYSIS OF CENTE

建筑体块生成演变

控制线
- 由场地分析得到的轴线关系轴象为建筑实体，成为建筑整体实际存在的控制线，是实际存在的形态。

实体与空间
- 呼应轴线具象为一条呈折线状透明体块，分散式建筑体块围绕轴线展开，体块之间自然形成开敞的院落空间。

形体
- 根据构思中大致的功能构想，进行部分体块在水平和垂直方向上的形体变化。

统领
- 为了突出轴线的控制作用和在建筑中的统领作用，将其拉高，使其在视觉和使用空间感受上更加突出。

加强
- 突出轴线的开端的控制作用，进行一定尺度的抬高和形体变化，同时其他的体块进行错落叠加。

丰富
- 围绕着控制轴线，在相接的位置对其他体块进行体块加减，营造出丰富的室外空间。

1、城市基地环境概况

- 文化馆建筑基地位于安徽省六安市舒城县。当地文化类建筑较少，还未有标志性建筑，部分旧式建筑沿用皖南民居的形式。舒城周边的旅游胜地——万佛湖，旅游产业发展较好。
- 建筑基地处于县城中心区域，基地周边多商业建筑和公共设施。由于没有整体性规划，整个城市地域肌理及图底关系比较单调和杂乱。

2、城市区位图底关系

图底
- 从城市图底关系可以看出，城市区位没有完全的整体规划，城市肌理基本上属于自然形成，此区位内建筑主要布局在基地西侧，基地东侧为文化广场等大片开敞地带。区位建筑的平面形态以方形为主，设计中将建筑的平面也定位成方形为母题的组合，从而可以获得与城市周边环境和建筑形态的协调和统一。

3、城市基地周边环境分析

A、基地所处城市区位功能分区

- 基地周边环境较丰富，主要由商业区、居住区、公共文化活动区等组成，不同的城市功能区域组成了丰富的基地周边视觉和听觉环境，决定了建筑功能的布置和与基地的协调。

设计说明
DESIGN SPECIFICATION

- 设计从场地分析开始，包含了对城市图底关系、城市肌理的初步分析和判断，基地周边环境对基地和建筑布局的影响，人为景观轴线对建筑布局形成的作用；
- 由城市区位的图底关系和文化馆建筑的基本功能分析出发，建筑基本布局为分散式，结合周边建筑的平面形态，建筑以"万"形为母题的体块组合，最大限度地与基地周边建筑和环境获得和谐的关系；
- 分析基地的几条轴线关系并将其最终拼接与整合，用一条玻璃廊道将轴线关系具象化，并使其成为建筑的控制轴线和群体体块中的一个雕塑；
- 在基地景观与周边环境关系的处理上，将与文化广场相接的场地做成室外大面积绿化和休闲场所，争取和文化广场的和谐统一。

B、轴线关系 AXES RELATIONSHIP

基地和周边环境存有的三条轴线关系：
　　基地主入口视线轴线
　　城市道路行为轴线　　文化广场视线轴线

轴线
- 通过对场地的分析，对基地周边的区域功能关系和道路景观关系等分析，最终得到了重要的设计思路：建筑的轴线，在人的视觉上产生一种"看不见"但又"感觉到"的轴向，使人们感觉到有一条"视觉圆心线"存在。

基地主入口视线轴线

文化广场视线轴线

城市道路行为轴线

- 城市道路和公共景观形成的视觉和行为轴线在建筑内部和附近形成交叉关系，抓住这三条轴线关系，并使其成为设计的框架，对基地内部的视觉和行为进行整合和拼接，将其设计成一条玻璃展廊，从而成为整个建筑的组织轴线。

总平面图 1：800

一层平面图 1：400

商业区　公共活动区　居住区　城市景观　建筑基地

西立面图 1：400　　　　　　　　　北立面图 1：400

基地鸟瞰图 BIRD-EYE VIEW OF BASE

模型 MODELS

参赛人员：何文静　孙宜秀　惠天
指导老师：贾尚宏　钟　杰

古建测绘——明清祠堂的对话

屏山旅游景区位于黄山西南麓的黟县龙江乡境内，距黄山风景区34 km，距黟县城东3.5 km，是舒氏聚族而居的古村落，至今仍存有278幢明清时期的古民居、古祠堂，现有总人口为1175人，342户，村落总面积为452.62 hm²，至今已有1100余年的历史。屏山村，整个村落在一个宽大的谷地中，地势北高南低，北面有屏风山为靠，南、东、西群山环抱，有着负阴抱阳的最佳人居环境，众多的古建筑、古遗迹、古人文景观相互交叉、错落有致，掩映在如屏的青山、似镜的绿水之中，呈现阴阳调和、平静长宁气象，成为运用中国古代风水学说构架出的建筑群典型。

屏山在唐宋时称长宁里，后因村北的屏风山状如屏风而得名屏山村，又因明清建制曾属徽州府黟县九都，故又称九都舒村。村内居民多姓舒，舒姓是伏羲九世孙叔子的后裔，唐朝末年由庐江迁居此地，距今已有1100多年的历史。

吉阳溪九曲十弯，穿村而过，两岸不时飞来村妇浣洗的锤打声；青砖灰瓦的民居祠堂和前店后铺的商铺夹岸而建；十余座各具特色的石桥横跨溪上……

村中至今完好保存着光裕堂、成宜堂等祠堂8座，其中舒庆余堂是目前极为少见的明代建筑祠堂。屏山村村风尊义重大，诗礼传家，人才辈出。明朝万历进士舒荣都因刚正不阿、弹劾魏忠贤被害，平反后建九楣门楼及"望重柏台"牌坊。清末进士舒期笏的孙女舒绣文因为成功主演《一江春水向东流》等电影，被誉为人民表演艺术家，其故居"黍谷堂"近年已开发为旅游景点。1949年，黟县人民政府成立，屏山人舒子敏被选为第一任县长。屏山北面是"三女食桃、化鲤成仙"的三姑峰，村口有"沉湖殉情，化为鸳鸯"的长宁湖诸胜迹，其神话传说充分反映群众千百年来对美好生活及忠贞爱情不懈追求的理想。

04 成果展示A

环境分析图

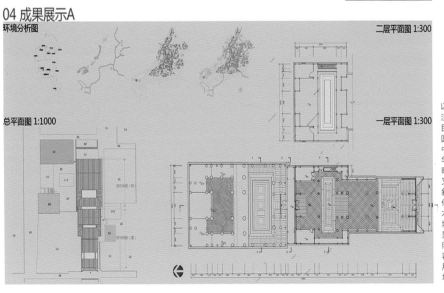

总平面图 1:1000

二层平面图 1:300

一层平面图 1:300

02 测绘前期准备工作

1. 工具：三角板、水平尺、铅垂、棉线、卷尺、皮尺、激光测距仪、升降机、梯子、竹竿、笔、纸、拓印纸、照相机。
2. 人员分配：共分为四个小组，每两个小组为一个团体，两个团体分别测明清两个祠堂，合作测绘外立面，最后将图合并汇总。
3. 预期计划：第一天将平面尺寸测出并绘制出平面图；第二天、第三天测内部尺寸和拓图，绘制出剖面图，梁架仰视图；第四天团体一测外立面尺寸和拓图，绘制出外立面图，团体二测总平面和周边环境，绘制总平面图和环境分析图；第五天核对和校正尺寸，修改图纸；第六天分工绘制钢笔画和后期分析，回校后绘制电脑图、排版。

03 屏山村落的形成和对未来的展望

中原人们迁入 → 中原文化 ← 程朱理学
自然环境 → 徽商勃兴
秀丽山水 → 富接江南 → 文风昌盛
徽州村落文化景观
宗法观念　文化氛围　园林情调

消　改
连　留
拆　退

1. 保留有历史价值的古建筑，拆除无价值的建筑。
2. 在原有古建筑上进行改造，增加其功能性。
3. 拓宽道路，改善村落间的尺度。
4. 将建筑间连接形成更多大型的建筑功能空间。
5. 改善后的村落主要用于旅游和商业，增加其文化性及商业性，为地区带来经济效益。

徽派古建筑以砖、木、石为原料，以木构架为主。梁架多用料硕大，且注重装饰。其横梁中部略微拱起，故民间俗称为"冬瓜梁"，两端雕出扁圆形（明代）或圆形（清代）花纹，中段常雕有多种图案，通体显得恢宏、华丽。立柱用料也颇粗大，上部稍细。明代立柱通常为梭形。梁托、爪柱、叉手、霸拳、雀替（明代为丁头拱）、斜撑等大多雕刻花纹、线脚。梁架构件的巧妙组合和装修使工艺技术与艺术手法相交融，达到了珠联璧合的妙境。梁架一般不施彩漆而髹以桐油，显得格外古朴典雅。墙角、天井、栏杆、照壁、漏窗等用青石、红砂石或花岗岩裁割成石条、石板筑就，且往往利用石料本身的自然纹理组合成图纹。墙体基本使用小青砖砌至马头墙。

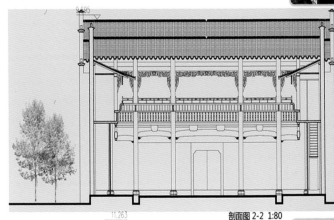

剖面图 2-2 1:80

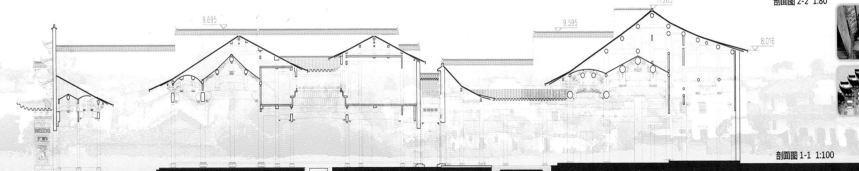

剖面图 1-1 1:100

古建测繪—明清祠堂的对话

4 成果展示B

舒庆余堂斗拱大样图A

舒庆余堂斗拱大样图B

舒光裕堂斗拱大样图

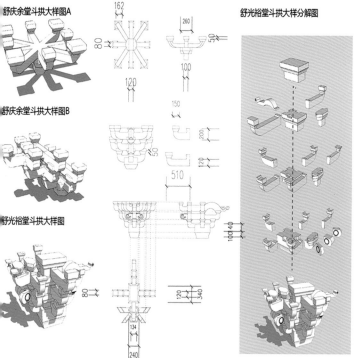

舒光裕堂斗拱大样分解图

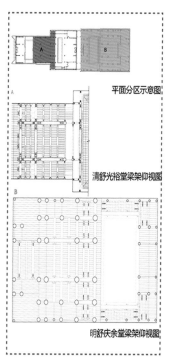

平面分区示意图

清舒光裕堂梁架仰视图

明舒庆余堂梁架仰视图

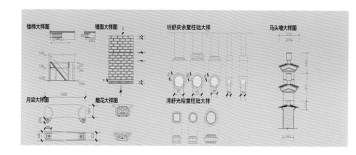

楼梯大样图　墙面大样图　明舒庆余堂柱础大样　马头墙大样图

月梁大样图　牌花大样图　清舒光裕堂柱础大样

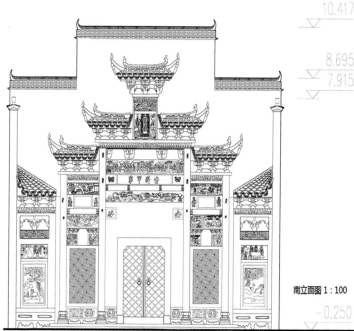

10.417

8.695
7.915

南立面图 1：100

-0.250

明清建筑不仅在创造群体空间的艺术性上取得了突出成就，而且在建筑技术上也取得了进步。明清建筑突出了梁、柱、檩的直接结合，减少了斗拱这个中间层次的作用。这不仅简化了结构，还节省了大量木材，从而达到了以更少的材料取得更大建筑空间的效果。明清建筑还大量使用砖石，促进了砖石结构的发展，当时中国普遍出现的无梁殿就是这种进步的具体体现。

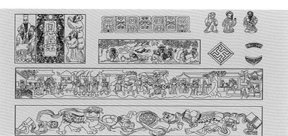

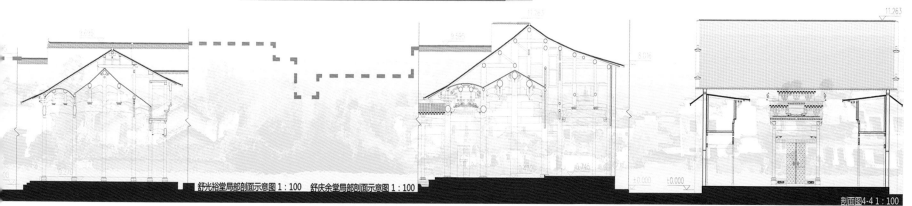

舒光裕堂局部剖面示意图 1：100　舒庆余堂局部剖面示意图 1：100

剖面图4-4 1：100

参赛人员：吴　迪
指导老师：贾尚宏　徐璐璐

方案用地位于屏山村的西北边，为御前侍卫祠堂旧址。基地东北边有大菩萨厅，是屏山保存较好的祠堂建筑。设计初期考虑对旧祠堂的历史的尊重，并呼应现有祠堂。

首先对徽州古建筑的空间关系进行研究，归纳出从一间房间到四进的大祠堂间的空间组合模式和演变关系。

详细分析用地周边环境，结合分析成果形成方案初步构思，用简单的动作对场地进行操作，用最简洁的手法做出方案基本形态，同时注意尽可能保留基地形现状和现有建筑，使得改扩建的新建筑可以融合在村落的环境中而不产生过大的干扰。

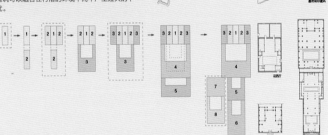

1. 根据用地边界形状对总平面进行切割，将不平行部分移至中间。两边体块分别放置公共空间和住宿及住宿相关辅助空间。根据道路关系确定主入口方向，合理利用现存广场，保留门楼入口，并增设后勤入口。

2. 门楼及御前侍卫祠堂旧址上的现存建筑可以反映祠堂原来的占地情况，在这范围内，依据前期对徽州古建筑空间形式的分析研究，对祠堂旧址上的建筑设计采用传统的祠堂空间形式，形成两个天井结合三进的室内空间。保留门楼后的现存建筑，将其改造成为村民的活动空间。对另一侧体块进行消减，模仿村楼的街道立面，给缩小建筑尺度感。

3. 根据村落的肌理情况决定使用坡屋顶样式，使建筑融入村落，防止对周边环境产生过大的影响，体现出对村落历史的尊重。依据大菩萨厅方位对局部体块进行旋转，与之形成对话的关系。

动作一
动作二
动作三

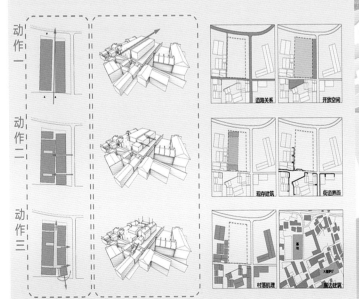

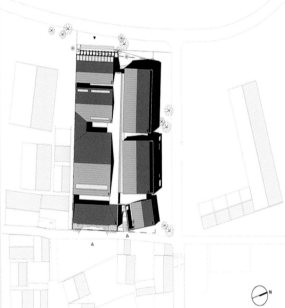

总平面图 1 : 400

设计说明

屏山位于皖南徽州地区，方案基地在屏山村中，处于御前侍卫祠堂旧址上，祠堂已被破坏，现只存有祠堂门楼。

在屏山调研的时候发现徽州村落的色彩、肌理、民居形式和组合方式很有特色，所以在方案设计中，就将这种地域的特色融合在新建的建筑中，希望在祠堂旧址上改扩建的建筑可以很好地融入屏山村，与整个村落的古建筑和周围的重要建筑有呼应。

将基地分为两个部分，南侧建筑结合祠堂的典型布局形式，在御前侍卫祠堂旧址上按照这种形式设计新建建筑，对基地的历史有个延续。

北边部分呼应基地周边道路。旁边屏山小学是新建建筑，用两层墙的形式切断与它的空间联系，保障建筑内部的空间隐私性。

基地东北角现存大菩萨厅，是座很重要的祠堂，具有很强的历史意义，所以在建筑设计时，对体块方向进行操作，让新建筑和老建筑进行对话，体现对环境和历史的尊重。

经济技术指标：
用地面积：1427.3 m²
建筑面积：2042.9 m²
容积率：1.43

过程模型 总平面推敲

大学生实习基地设计【壹】
屏山御前侍卫祠堂改造与扩建

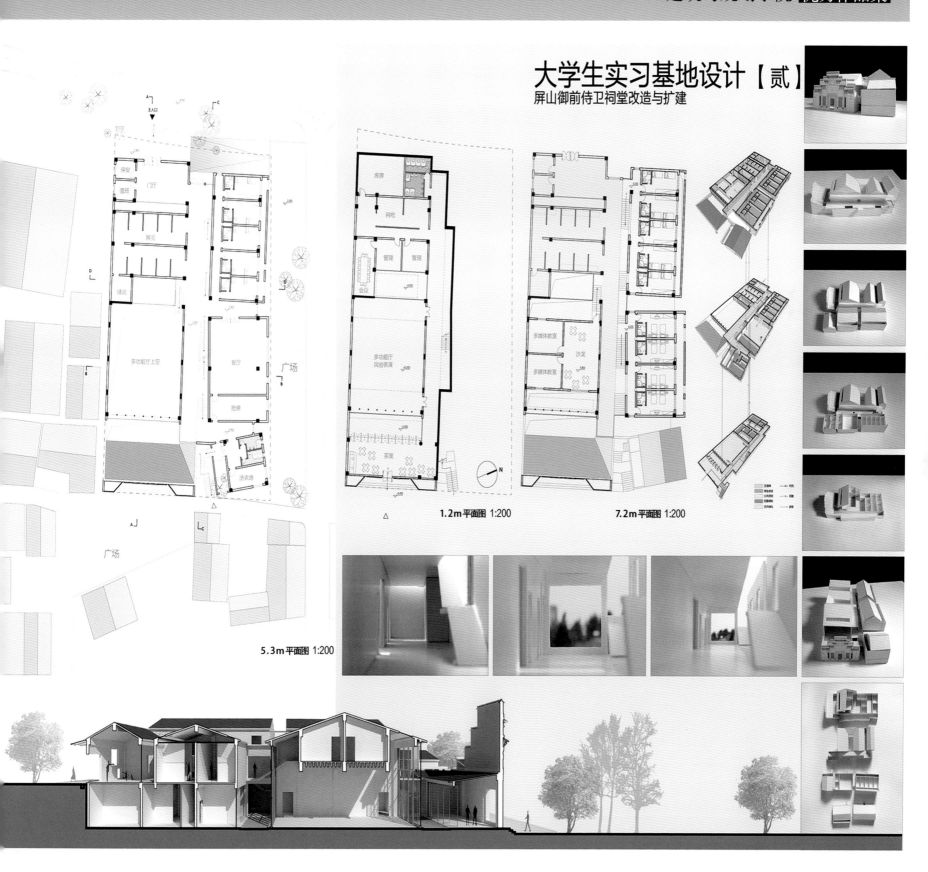

大学生实习基地设计【贰】

屏山御前侍卫祠堂改造与扩建

1.2m平面图 1:200

7.2m平面图 1:200

5.3m平面图 1:200

参赛人员：李欣蒙　张彦哲　张　弥
指导老师：孙　静　金乃玲

02 古宅的历史 HISTORY

02.1 西递简介 INTRODUCTION

西递，徽州著名古村落，至今已有近千年历史，素有"桃花源里人家"之美誉。西递位居安徽省黄山市黟县城东 8 km 处，因地处古徽州府之西，曾设驿站"铺递所"而得名。古时还称作"西溪""西川"，均为水势自东往西流之意。

"其地罗峰高其前，阳尖障其后，石狮盘其北，天马蔼其南。中有二水环绕，不之东而之西，故名西递。"
——明代《新安名族志》

作为一个培养了众多徽商的村落，它在诞生、发展、鼎盛乃至衰败的过程中逐渐积累了大量的经济、历史、文化价值。从古建筑角度而言——徽派建筑作为古代徽州文化的重要组成，西递是非常值得深入研究的地方。我们组的测绘对象正是村中的一座古宅。

02.2 所测古宅的古今 NOW & BEFORE

古宅建造于清代光绪年间，约 1880 年前后，地处西递古村大路街东段，是一座清晚期的徽派民居建筑。古宅连同东边隔壁共三间半，附带一厨房和后院，原为一座大宅子，为当地一胡姓（名不详）地所有。历经百年风雨，大宅院发生了巨大的变化，分割、破坏、改造，然而这座作为"首间"的古宅依旧保留了最初的样子。"文革"后，当地一对夫妻买下了两间厅堂以及厨房和后院，后因经济问题卖出一间。14 年后，房屋出租给了江姓夫妇作为古董店铺，题名曰"逸墨山房"。

古宅子里保留了其历史原貌，因保护得当，未经刻意修饰，在满是古董的装点下，历经一百又三十余年之沧桑，再现了当时徽州富豪人家的情形。这样的老屋子具有较高的研究价值，更有助于我们对徽派建筑发展的认识。

青山云外深，白屋烟中出。
双涧左右环，群木高下密。
曲径如弯弓，连墙若比栉。
自入桃源来，墟落此第一。
——清代曹文埴《咏西递》

01 场所-场地 STATE

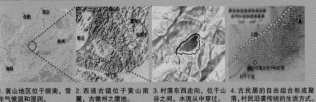

1. 黄山地区位于皖南，常　2. 西递古镇位于黄山南　3. 村落东西走向，位于山　4. 古民居的自由组合形成聚
年气候温和湿润。　　　　麓，古徽州之腹地。　　　谷之间，水流从中穿过。　落，村民沿袭传统的生活方式。

所测建筑位置
所测建筑外立面
交通流线

地理位置　——黟县东南，屯溪以西、黄山南麓，古徽州六县之所在。
气候条件　——夏凉冬暖，四季湿润，气候温和，宜人居住。
地形环境　——山谷之中，水流由东向西流淌，故而名曰"西递"。
资源状况　——多产木材石材，品质优良。
　　　　　——徽人弃儒从贾，经营盐茶水，形成最早之徽商，官商一体，大兴土木。
　　　　　——因处于徽州腹地而受徽州文化影响至深，在文化交流中汲取精华。

05 测绘生活 LIFE

测量以及数据记录
调查访问，了解背景资料
积极与团队成员合作，采取有效的分工，优先测量控制数据，提高测绘效率。
多次测量，采用最优测量方法。

现场核对当晚整理
控制大尺寸，校正数据
积极讨论，排除分歧，询问村民、请教师长，实事求是，尊重数据、尊重历史。

工作结束受益匪浅
任务汇报，积极准备
在完成测绘的过程中掌握了更多的表达方法，进一步加深对徽派建筑的认识。

和谐趣味测绘生活
小镇卧虎藏龙，江先生举笔，得"逸墨山房"。
"黟县青"上点水为墨，工作与生活和谐相生。

03 关于现状的初步探讨 NOWADAYS

04 手绘草图与建筑速写 SKETCH

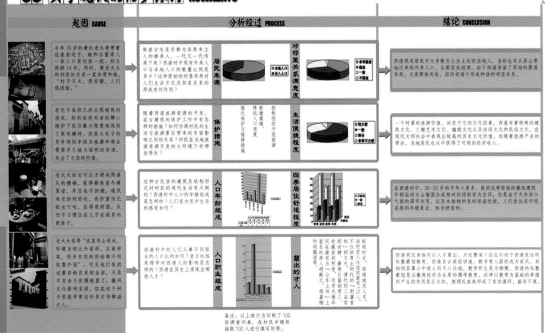

起因 CAUSE　　　分析经过 PROCESS　　　结论 CONCLUSION

今年 75 岁的康姓老夫看曾带着过这老宅子。她和丈夫买入一室二厅居住一起，相互照顾 14 年。同时，康老夫大和好朋的邻里一直串串相传。"村子不大，很安静，人们很团结。"

老宅子虽然已经出现破败的情况，然而在使用老者的精心维护下原始模样，但是大宅子的另外两间房的别院和商业需要早已被大面积的改造，失去了之前的价值。

老大大依旧可以方便地爬楼层的楼梯，觉得原屋里冬暖夏凉，并且光不刺眼，通风采光好，老夫营觉得在敞里就能习惯住在儿子在城里的新房子。

老大大觉得"这里有山有水，环境清热此外郁。自家种着蔬菜东西的的蔬果邻里依靠外出"。可见他们住惯过着自食其力生活，只是有些脱离自足的状态。

每座古宅是否都为其原来主人的继承人，一代又一代的传承下来？西递村中现有外来人口与本地人口的比例是多少？这样原始的村落布局对人们生活方式及邻里关系的形成有何作用？

随着西递旅游资源的开发，在古建筑的保护工作中怎样的措施可如何协调村民的生活与旅游事业带来的负面影响之间的关系？村民在当地旅游资源开发的大环境下有怎样的得失？

这种古民居的建筑及结构形式对村民的现代生活有无制约？西递地中现有年老人或是年轻人？这样的人们古古宅中生活的感觉如何？

西递村中的人们从事不同职业的人口比例如何？昔日的程度生学对西递的影响是怎样的？西递在历史上通现出怎样的人才？

备注：以上统计为印制了 100 份调查问卷，在村民中随机抽取 100 人进行填写所得。

居民来源
居民关系满意度
西递现有居民中大多数为土生土长的当地人口，当然也有从居山等地迁来的外来人口，主要由经商而来。由于西递保留了原始的聚落布局，大家聚族而居，因而有助于形成和谐的邻里关系。

生活便捷程度
保护措施
一个村落的旅游价值，决定于它的文化因素。西递有着特殊的建筑文化、三雕艺术文化、徽联文化以及休闲文化等等，在现代文明社会中表现出较高的历史文化价值。而随着旅游产业的带动，当地居民也从中获得了可观的经济收入。

四季居住适度
人口年龄组成
在西递村中，30~50 岁的中年人居多，虽然这种原始的徽派建筑外墙起到大山墙围合成现时时间的室内空间，但是由于其并非人工气候的调节功能，以及木结构的良好保温性能，人们居住其中还是感到冬暖夏凉、相当舒适的。

人口职业组成
杰出的才人
西递胡氏家族缘何以人才掌出、兴旺繁荣？这应归功于西递发达的私塾家馆教育。西递自古读书讲道，教书育人蔚然成为风气，其私塾祖居最早的为从幼童开始的启蒙教育，这种以教育为基础的举措所产生的作用是巨大的，使胡氏家族成了良性循环，盛而不衰。

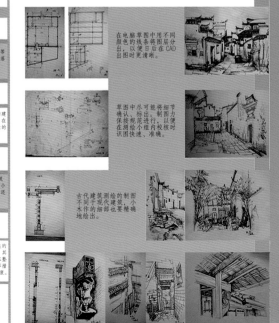

在电脑草图中用不同颜色的线条将图层分出，以便日后在 CAD 出图时更清晰。

草图中尽可能将细节确认、标出，制图力保建筑规范进行，以便在测绘小组内校核时识图快速、准确。

古代建筑测绘的制图不同于现代建筑，小木作的细部也要精确地绘出。

逸墨山房

安徽西递徽派古民居测绘

01

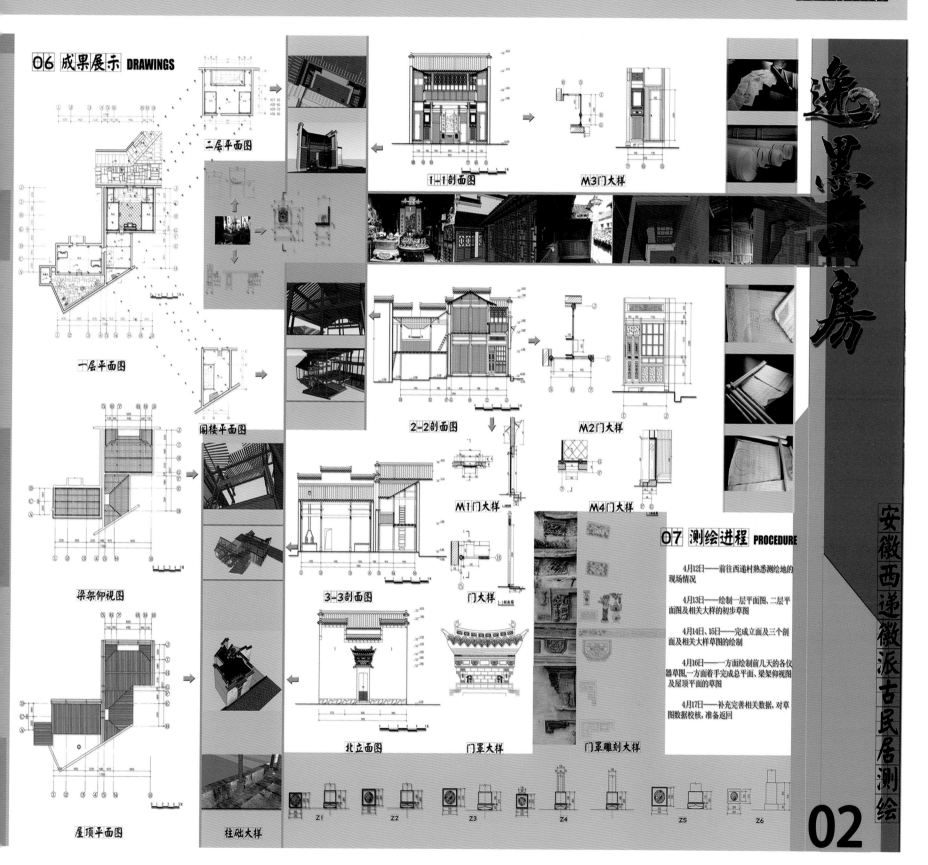

06 成果展示 DRAWINGS

二层平面图

一层平面图

阁楼平面图

梁架仰视图

屋顶平面图

柱础大样

1-1剖面图

M3门大样

2-2剖面图

M2门大样

M1门大样

M4门大样

3-3剖面图

门大样

北立面图

门罩大样

门罩雕刻大样

07 测绘进程 PROCEDURE

4月12日——前往西递村熟悉测绘地的现场情况

4月13日——绘制一层平面图、二层平面图及相关大样的初步草图

4月14日、15日——完成立面及三个剖面及相关大样图的绘制

4月16日——一方面绘制前几天的各仪器草图，一方面着手完成总平面、梁架仰视图及屋顶平面的草图

4月17日——补充完善相关数据，对草图数据校核，准备返回

Z1　Z2　Z3　Z4　Z5　Z6

遞墨典房

安徽西递徽派古民居测绘

02

参赛人员：吴　迪
指导老师：徐丽萍　蔡进彬

场地衍生

进取型新生态办公建筑

建筑师工作室及其环境设计　THE NEW STUDIO

技术指标：
总建筑面积：648 m²
建筑面积：2287.5 m²
容积率：0.28

交通系统：两角悬起，将大面积的用地谦逊地还于城市，并且分散场地东、南两边的压力。小广场的介入令建筑物和谐融入场地，更具亲和力。

理念：工作室大都是冰冷的功能性办公建筑，霸权式地凌驾于环境之上，但是建筑学作为技术与艺术相结合的学科，应该富于人文主义色彩。

本案建筑师工作室设计为创意和理性的容器，容纳建筑的各个系统，并对其进行整合，试图在场地中创造一种吸引人的独特的建筑形体。

策略：一样东西的价值在其经过一个操作过程后会提高，建筑场地是建筑物的基础，为了促进其价值的提高，选择基地进行操作，将总平面中的土地揭起，形成自然有机并且富有现代感的建筑形体。

屋面和地面的巨大热容可以储存和释放热量，帮助维持建筑内部小气候的稳定，减少用电量。

底部架空的"灰空间"起到对热量的缓冲作用，立面的百叶可以对建筑内部穿堂风进行调控。

"灰空间"增加入口与道路的距离，加之顶部植物的吸声、隔声作用，弱化环境噪音。

生态系统：建筑成为大地的延伸，从表面有机生成，建筑覆土的顶部与土地置换，创造三维立体的生态绿化。覆土的屋顶在烈日下具有遮热、断热与冷却的作用，减少传至室内的太阳辐射热量。绿色植物的优良隔音效果和美化作用为使用者提供安静、舒适的办公环境。建筑屋顶通过绿化后，总排水量只有10%~30%，减小城市排水负载和灌溉用水。空气中的二氧化碳是植物光合作用的最佳碳源，建筑成为环境中的氧气发生器，以一种进取的姿态回应"热岛效应""温室效应"等多种城市环境问题，成为将"生态建筑"城市化的先锋。

植被层
营养土
过滤层
蓄排水层
保湿层
隔根层
原建筑顶

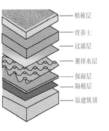

根据方案策略，对场地进行操作，综合周围环境考虑确定建筑总平面范围，将土地揭开、抬升、变形，最后对土地进行置换，形成建筑体量。

总平面 1:1000

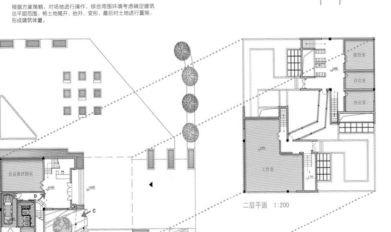

二层平面 1:200

一层平面 1:200

空间系统：中心庭院以一种私密的姿态出现在构图中，造型变化"让"出的两块用地与广场相连，既形成良好的入口空间，又是"灰色"的过渡空间，"公""私"皆备。建筑各个空间沿中庭展开，形成围绕中庭的环形流线，内部空间的"留白"处理令空间收放自如。

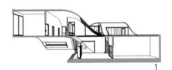
1

3

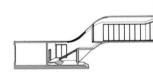

5

造型特征使建筑在每一处剖面都不相同，建筑呈现一种环形相连的状态，并趋于无限变化。

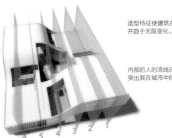

内部的人的流线环绕中庭螺旋式上升，使建筑处于这种螺旋式动线的核心，突出其在城市中的地位。

6 5 4 3 2 1

1

南立面 1:200

东立面 1:200

立面系统：建筑采用白色丙烯板作为外立面材料，以简单的方形落地窗为主要开窗形式，外覆立式活动百叶，使得建筑内的采光、日照和通风可以随天气和季节改变，建筑成为环境中可进行人工调控的容器。

百叶全开，增大窗口面积，调节室内日照强度，增强室内通风

百叶半开，利用百叶反光接受漫反射光线，制造柔和的室内采光。

百叶关闭，阻挡所有光线，制造"暗室"环境，满足建筑师工作的一些特殊需要。

设计说明：

雕塑般的形体，流动的室内空间，绿色的生态建筑，理性的创意——建筑师工作室。

建筑扭转的形体从地面上自然生长而来，浑然天成，流动的曲线和起伏的内部空间使室内外通透起来，屋顶空间的运用充分延展了室内空间。方案强调"绿色"的理念，创造了立体的生态系统，容器的概念也彰显了设计的主题。

支持系统：采用桁架式空间钢结构，支撑整个建筑。在结构骨架之上继续进行分割，形成基本空间界面。屋顶覆土，高建筑的生态价值也是对场地进行操作的结果。

屋顶

界面

结构

观系统：采用极简手法，用小品和树阵烘托建筑现代简单的气氛，在小广场上立人流方向的引导。

椅：截取建筑形体特征，自然地从广场上生长出来。

阵：9m×9m的布局，和建筑9m的模数相呼应，方形的构图也与建筑的平面结合，在场地创造和谐的布局。

塑：三角形的布置，自然地将人引向建筑主入口，红色的外表和随机的倾斜造型表现出一种向上的张力，与建筑柔美的外形形成对比。

场地衍生

进取型新生态办公建筑

建筑师工作室及其环境设计

THE NEW STUDIO

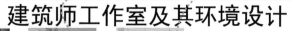

参赛人员：任　翔　何春林
指导老师：吴运法　左光之　金乃玲

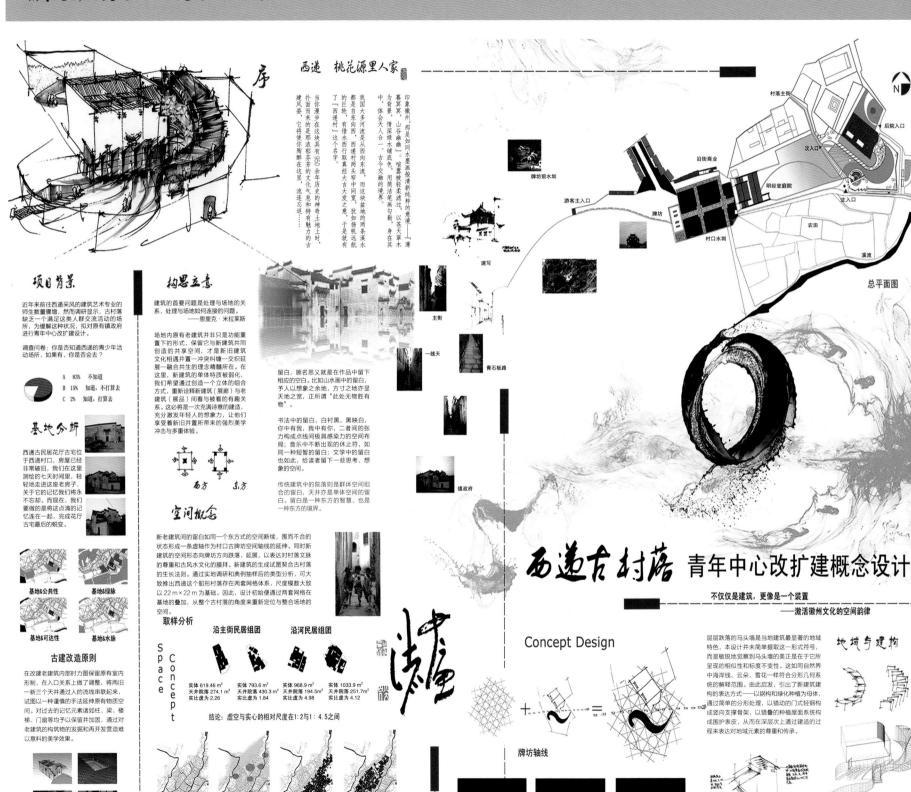

西递　桃花源里人家

印象徽州，那是如同水墨画般清新纯粹的意境「薄暮冥冥，山谷幽幽」。喧嚣骚动被柔滤过，以苍天翠木为背景，情深绿水铺底色，用简洁笔画勾勒，身在其中，体会天人合一，古今交融的境界。

我国大多河流是从西向东流的，而这块盆地的两条溪水都是自东向西，西递村两头窄中间宽，犹如扬帆远航的巨轮，有借水西行取真经大吉大发之意，于是就有了「西递村」这个名字。

当你漫步在这块具有980余年历史的神奇土地上时，扑面而来的是那浓郁芬芳的文化气息和特有魅力的古建风姿，它将使你陶醉在这里，流连忘返……

项目背景

近年来前往西递采风的建筑艺术专业的师生数骤增，然而调研显示，古村落缺乏一个满足这类人群交流活动的场所，为缓解这种状况，拟对原有镇政府进行青少年中心改扩建设计。

调查问卷：你是否知道西递的青少年活动场所，如果有，你是否会去？

A 83% 不知道
B 15% 知道，不打算去
C 2% 知道，打算去

基地分析

西递古民居花厅古宅位于西递村口，房屋已经非常破旧，我们在这里测绘的七天时间里，轻轻地走进这座老房子，关于它的记忆我们将永不忘却。而现在，我们要做的是将这点滴的记忆连在一起，完成花厅古宅最后的蜕变。

基地&公共性　基地&绿脉
基地&可达性　基地&水脉

古建改造原则

在改建老建筑内部时力图保留原有室内形制，在入口关系上做了调整，将两旧一新三个天井通过人的流线串联起来，试图以一种谨慎的手法延伸原有物质空间。对过去的记忆元素诸如柱、梁、楼梯、门扇等均予以保留并加固，通过对老建筑的构筑物的发掘和再开发营造难以意料的美学效果。

古建原貌模型复原图

构思立意

建筑的首要问题是处理与场地的关系，处理与场地如何连接的问题。
——恩里克·米拉莱斯

场地内原有老建筑并非只是功能重置下的形式，保留它与新建筑共同创造的共享空间，才是新旧建筑文化相遇并置一冲突纠缠一交织延展一融合共生的理念精髓所在。在这里，新建筑的单体特质被弱化，我们希望通过创造一个立体的组合方式，重新诠释新建筑（展廊）与老建筑（展品）间看与被看的有趣关系。这必将是一次充满诗意的建造，充分激发年轻人的想象力，让他们享受新旧并置所带来的强烈美学冲击与多重体验。

留白，顾名思义就是在作品中留下相应的空白。比如山水画中的留白，予人以想象之余地，方寸之地亦显天地之宽，正所谓"此处无物胜有物"。

书法中的留白，白衬黑，黑映白，你中有我，我中有你，二者间的张力构成点线间极具感染力的空间布局；音乐中不断出现的休止符，如同一种短暂的留白；文学中的留白也如此，给读者留下一些思考、想象的空间。

传统建筑中的院则是群体空间组合的留白，天井亦是单体空间的留白。留白是一种东方的智慧，也是一种东方的境界。

空间概念

新老建筑间的留白如同一个东方式的空间断续，围而不合的状态形成一条虚空轴作为村口牌坊空间轴线的延伸。同时新建筑的空间形态向牌坊方向跌落、延展，以表达对村落文脉的尊重及水文化的膜拜。新建筑的生成试图契合古村落的生长法则。通过实地调研和典例抽样后的类型分析，可大致推出西递这个船形村落存在两套网格体系，尺度模数大致以 22 m×22 m 为基础。因此，设计初始便通过两套网格在基地的叠加，从整个古村落的角度来重新定位与整合场地的空间。

取样分析

沿主街民居组团

实体 619.46 m²　实体 793.6 m²
天井院落 274.1 m²　天井院落 430.3 m²
实比虚为 2.26　实比虚为 1.84

沿河民居组团

实体 968.9 m²　实体 1033.9 m²
天井院落 194.5 m²　天井院落 251.7 m²
实比虚为 4.98　实比虚为 4.12

结论：虚空与实心的相对尺度在1:2与1：4.5之间

村落&路网关系　村落&绿化节点　村落&沿街肌理　村落&沿河肌理

西递古村落 青年中心改扩建概念设计

不仅仅是建筑，更像是一个装置
——激活徽州文化的空间韵律

Concept Design

层层跌落的马头墙是当地建筑最显著的地域特色，本设计并未简单提取这一形式符号，而是敏锐地觉察到马头墙的美正是在于它所呈现的相似性和标度不变性。这如同自然界中海岸线、云朵、雪花一样符合分形几何系统的解释范围。由此启发，引出了新建筑建构的表达方式——以钢构和绿化种植为母体，通过简单的分形处理，以错动的门式轻钢构成竖向支撑骨架，以错叠的种植屋面系统构成围护表皮，从而在深层次上通过建造的过程来表达对地域元素的尊重和传承。

地域与建构

牌坊轴线

新老空间建构关系

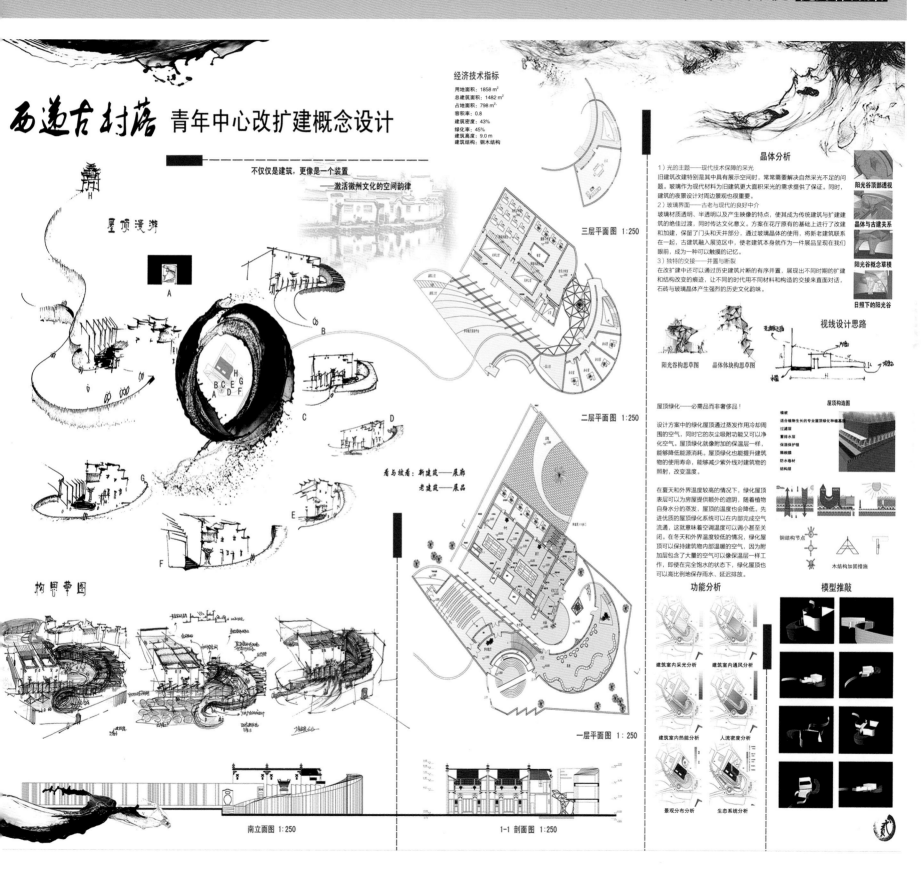

西递古村落 青年中心改扩建概念设计

经济技术指标
用地面积: 1858 m²
总建筑面积: 1482 m²
占地面积: 798 m²
容积率: 0.8
建筑密度: 43%
绿化率: 45%
建筑高度: 9.0 m
建筑结构: 钢木结构

不仅仅是建筑,更像是一个装置
——激活徽州文化的空间韵律

屋顶漫游

构思草图

三层平面图 1:250

看与被看:新建筑——展廊
老建筑——展品

二层平面图 1:250

一层平面图 1:250

南立面图 1:250

1-1 剖面图 1:250

晶体分析

1) 光的主题——现代技术保障的采光
旧建筑改建特别是其中具有展示空间时,常常需要解决自然采光不足的问题。玻璃作为现代材料为旧建筑更大面积采光的需求提供了保证。同时,建筑的夜景设计对周边景观也很重要。

2) 玻璃界面——古老与现代的良好中介
玻璃的质透明、半透明以及产生映像的特点,使其成为传统建筑与扩建建筑的绝佳过渡,同时传达文化意义。方案在花厅原有的基础上进行了改建和加建,保留了门头和天井部分,通过玻璃晶体的使用,将新老建筑联系在一起,古建筑融入展览区中,使老建筑本身就作为一件展品呈现在我们眼前,成为一种可以触摸的记忆。

3) 独特的交接——并置与断裂
在改扩建中还可以通过历史建筑片断的有序并置,展现出不同时期的扩建和结构改变的痕迹,让不同的时代用不同材料和构造的交接来直面对话,石砖与玻璃晶体产生强烈的历史文化韵味。

阳光谷顶部透视
晶体与古建关系
阳光谷概念草模
日照下的阳光谷

阳光谷构思草图   晶体体块构思草图

视线设计思路

屋顶绿化——必需品而非奢侈品!

设计方案中的绿化屋顶通过蒸发作用冷却周围的空气,同时它的灰尘吸附功能又可以净化空气。屋顶绿化就像附加的保温层一样,能够降低能源消耗。屋顶绿化也能提升建筑物的使用寿命,能够减少紫外线对建筑物的照射,改变温度。

在夏天和外界温度较高的情况下,绿化屋顶表层可以为房屋提供额外的遮阴,随着植物自身水分的蒸发,屋顶的温度也会降低。先进优质的屋顶绿化系统可以从内部完成空气流通,这就意味着空调温度可以调小甚至关闭。在冬天和外界温度较低的情况,绿化屋顶可以保持建筑物内部温暖的空气,因为附加层包含了大量的空气可以像保温层一样工作,即使在完全饱水的状态下,绿化屋顶也可以高比例地保存雨水、延迟排放。

屋顶构造图

钢结构节点
木结构加固措施

功能分析

建筑室内采光分析   建筑室内通风分析
建筑室内热能分析   人流密度分析
景观分布分析   生态系统分析

模型推敲

参赛人员：周立涛
指导老师：金乃玲　孙　静

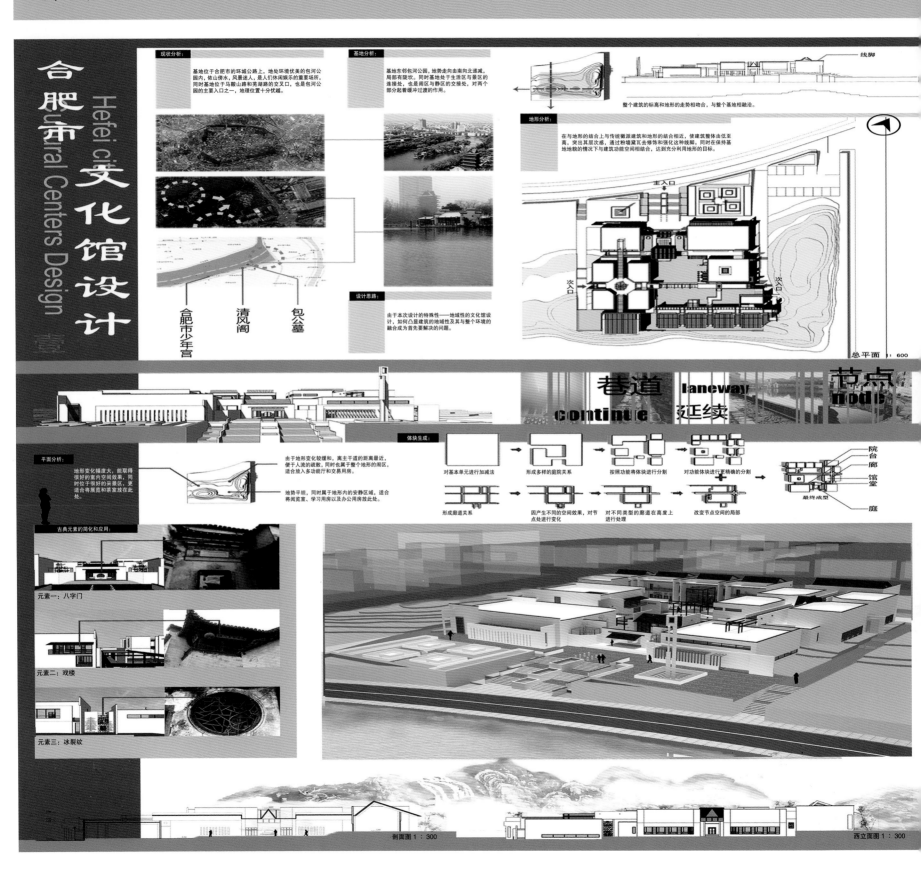

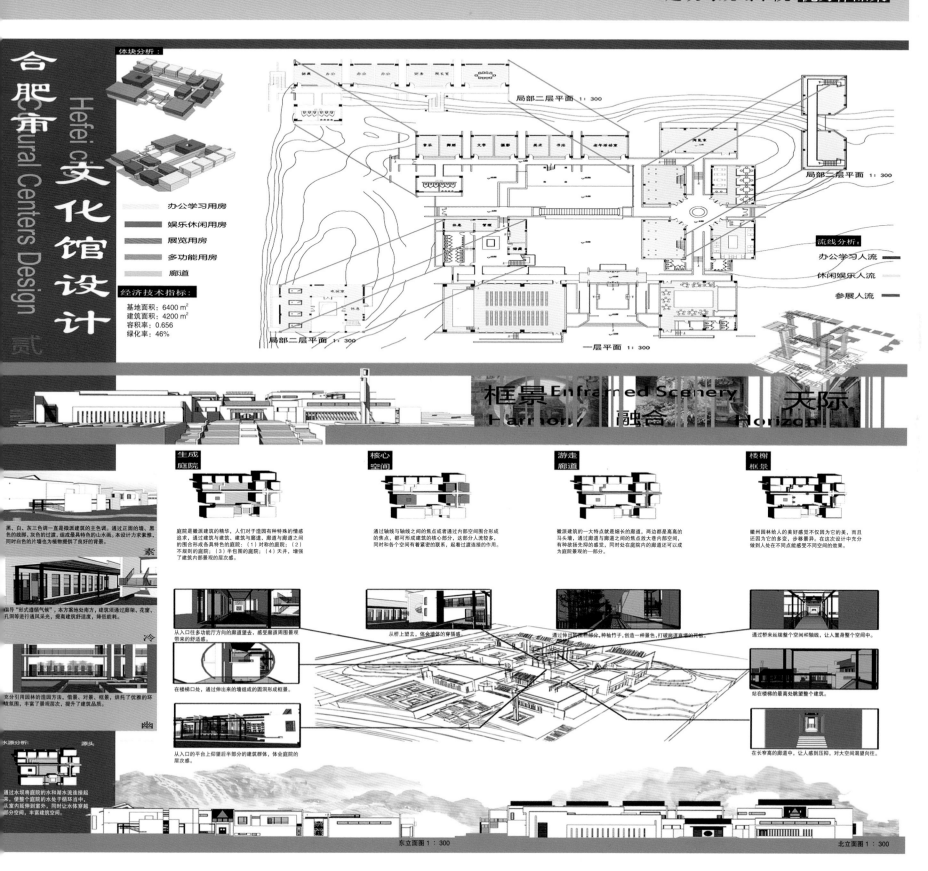

合肥市文化馆设计

Hefei cultural Centers Design

贰

体块分析：

图例：
- 办公学习用房
- 娱乐休闲用房
- 展览用房
- 多功能用房
- 廊道

经济技术指标：
基地面积： 6400 m²
建筑面积： 4200 m²
容积率： 0.656
绿化率： 46%

局部二层平面 1: 300

局部二层平面 1: 300

流线分析：
- 办公学习人流
- 休闲娱乐人流
- 参展人流

局部二层平面 1: 300

一层平面 1: 300

框景 Enframed Scenery

Harmony 融合 Horizon

天际

黑、白、灰三色调一直是徽派建筑的主色调。通过正面的墙、黑色的线脚、灰色的过渡，组成最具特色的山水画。本设计力求素推，同时白色的片墙也为植物提供了良好的背景。

素

倡导"形式追循气候"，本方案地处南方，建筑顶通过廊架、花窗、孔洞等进行通风采光，提高建筑舒适度，降低能耗。

冷

充分引用园林的造园方法，借景、对景、框景，烘托了优雅的环境氛围，丰富了景观层次，提升了建筑品质。

幽

生成庭院

庭院是徽派建筑的精华，人们对于造园有种特殊的情感追求，通过建筑与建筑、建筑与廊道、廊道与廊道之间的围合形成各具特色的庭院：（1）对称的庭院；（2）不规则的庭院；（3）半包围的庭院；（4）天井，增强了建筑内部景观的层次感。

核心空间

通过轴线与轴线之间的焦点或者通过内部空间围合形成的焦点，都可形成建筑的核心部分，这部分人流较多，同时和各个空间有着紧密的联系，起着过渡连接的作用。

游走廊道

徽派建筑的一大特点是细长的廊道，两边都是高高的马头墙，通过廊道与廊道之间的焦点放大巷内部空间，有种欲扬先抑的感觉，同时处在庭院内的廊道还可以成为庭院景观的一部分。

楼榭框景

徽州园林给人的美好感觉不仅因为它的美，而且还因为它的多变，步移景异。在这次设计中充分做到让人处在不同点能感受不同空间的效果。

从入口往多功能厅方向的廊道望去，感受廊道周围景观带来的舒适感。

从桥上望去，体会墙体的穿插感。

通过伸出的凹框部分，种植竹子，创造一种景色，打破廊道直墙的死板。

通过桥来延续整个空间和轴线，让人置身整个空间中。

在楼梯口处，通过伸出来的墙组成的圆洞形成框景。

从入口的平台上仰望后半部分的建筑群体，体会庭院的层次感。

水源分析： 源头

通过水坝将庭院的水和湖水连接起来，使整个庭院的水处于循环当中，向室内延伸到室外，同时让水体穿越部分空间，丰富建筑空间。

站在楼梯的最高处眺望整个建筑。

在长窄高的廊道中，让人感到压抑，对大空间渴望向往。

东立面图 1: 300

北立面图 1: 300

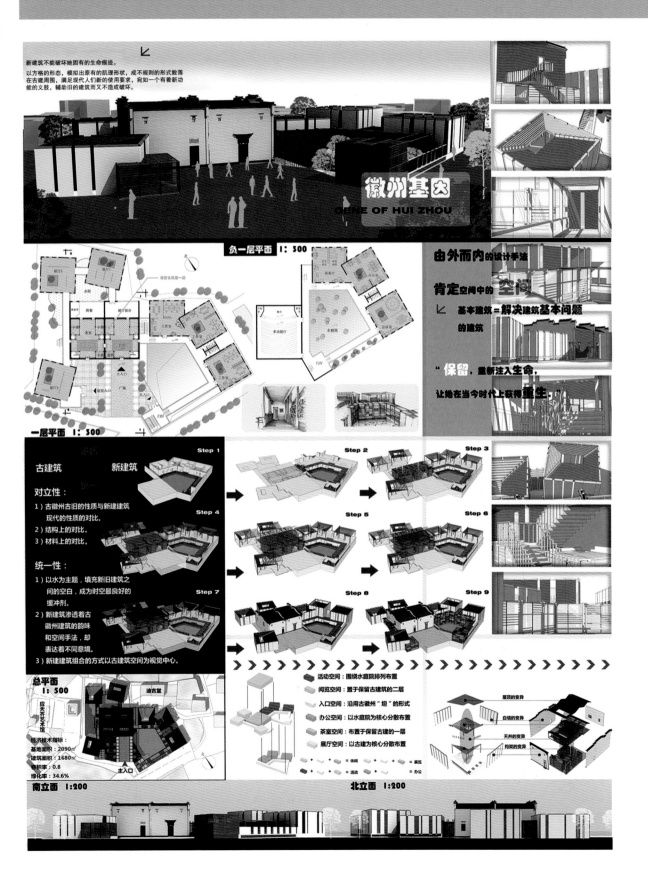

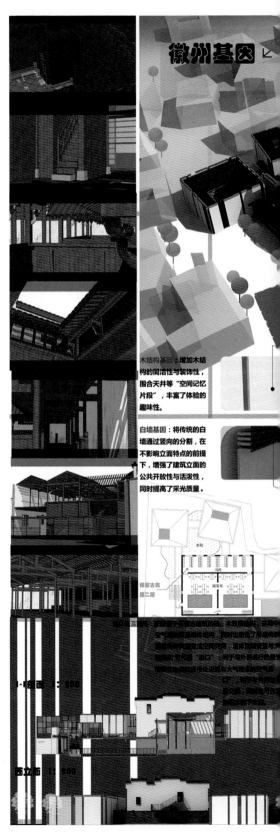

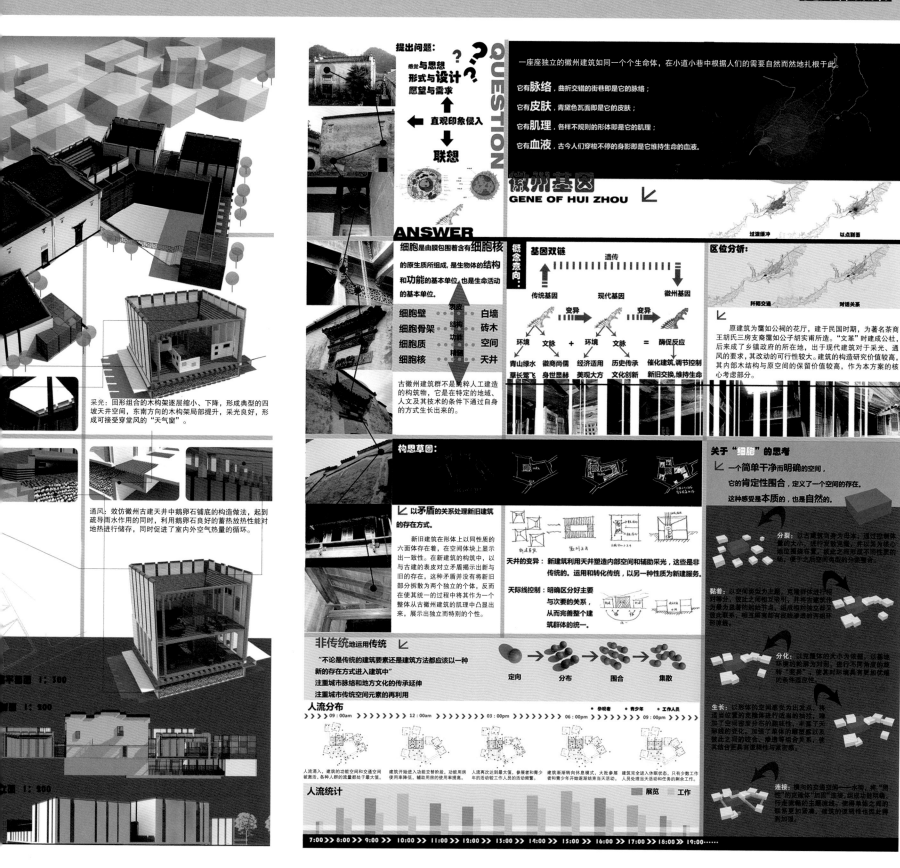

采光：回形组合的木构架逐层缩小、下降，形成典型的四坡顶天井空间，东南方向的木构架局部提升，采光良好，形成可接受穿堂风的"天气窗"。

通风：效仿徽州古建天井中鹅卵石铺底的构造做法，起到疏导雨水作用的同时，利用鹅卵石良好的蓄热放热性能对地热进行储存，同时促进了室内外空气热量的循环。

一座座独立的徽州建筑如同一个个生命体，在小道小巷中根据人们的需要自然而然地扎根于此。

它有脉络，曲折交错的街巷即是它的脉络；
它有皮肤，青黛色瓦面即是它的皮肤；
它有肌理，各样不规则的形体即是它的肌理；
它有血液，古今人们穿梭不停的身影即是它维持生命的血液。

提出问题：

感觉与思想
形式与设计
愿望与需求

直观印象侵入

联想

QUESTION

ANSWER

徽州基因
GENE OF HUI ZHOU

细胞是由膜包围着含有细胞核的原生质所组成，是生物体的结构和功能的基本单位，也是生命活动的基本单位。

细胞壁 — 外皮 — 白墙
细胞骨架 — 结构 — 砖木
细胞质 — 功能 — 空间
细胞核 — 精髓 — 天井

古徽州建筑群不是纯粹人工建造的构筑物，它是在特定的地域、人文及其技术的条件下通过自身的方式生长出来的。

基因双链

遗传

传统基因 现代基因 徽州基因
变异 变异

环境 文脉 + 环境 文脉 = 酶促反应

青山绿水 徽商尚儒 经济适用 历史传承 催化建筑，调节控制
草长莺飞 身世显赫 美观大方 文化创新 新旧交换，维持生命

区位分析：

原建筑为霍如公祠的花厅，建于民国时期，为著名茶商王胡氏三房支裔霍如公子胡实甫所造。"文革"时建成公社，后来成了乡镇政府的所在地，出于现代建筑对于采光、通风的要求，其改动的可行性较大。建筑的构造研究价值较高，其内部木结构与原空间的保留价值较高，作为本方案的核心考虑部分。

构思草图：

关于"细胞"的思考

一个简单干净而明确的空间，
它的肯定性围合，定义了一个空间的存在。
这种感受是本质的，也是自然的。

以矛盾的关系处理新旧建筑的存在方式。

新旧建筑在形体上以同性质的六面体存在着，在空间体块上显示出一致性。在新建筑的构思中，以与古建的表皮对立矛盾揭示出新与旧的存在，这种矛盾并没有将新旧部分拆散为两个独立的个体，反而在使其统一的过程中将其作为一个整体从古徽州建筑的肌理中凸显出来，展示出独立而特别的个性。

天井的变异：新建筑利用天井塑造内部空间和辅助采光，这些是非传统的。运用和转化传统，以另一种性质为新建服务。

天际线控制：明确区分好主要与次要的关系，从而完善整个建筑群体的统一。

分裂：

黏着：

分化：

非传统地运用传统

"不论是传统的建筑要素还是建筑方法都应该以一种新的存在方式进入建筑中"
注重城市脉络和地方文化的传承延伸
注重城市传统空间元素的再利用

定向 分布 围合 集散

生长：

人流分布
09:00am 12:00am 03:00pm 06:00pm 09:00pm
● 参观者 ● 青少年 ● 工作人员

人流涌入，建筑的功能空间和交通空间被激活，各种人的流量都处于最大值。

建筑开始进入功能交替阶段，功能用房使用率降低，辅助用房的使用率提高。

人流再次达到最大值，参展者和青少年的活动较工作人员的活动频繁。

建筑渐渐进入休息模式，大批参展者和青少年开始渐渐结束当天活动。

建筑完全进入休息状态，只有少数工作人员处理当天活动和任务的剩余工作。

连接：

人流统计

■ 展览 ■ 工作

7:00 >> 8:00 >> 9:00 >> 10:00 >> 11:00 >> 12:00 >> 13:00 >> 14:00 >> 15:00 >> 16:00 >> 17:00 >> 18:00 >> 19:00……

追德弘毅
To be virtuous,endurant and erudite

博学善建
To be proficient in construction

教师作品

姜长征
蒙城图书馆、铜陵市人民医院

魏　明
安徽建筑大学实验综合楼、时代传媒广场二期附属楼

刘仁义
屯溪历史文化街区滨江路改造提升工程

贾尚宏
安徽剧院设计、怀宁县剧院设计、
广西艺术学院音乐厅建筑声学设计

金乃玲
汤家汇镇红色历史保护规划

凤元利
蒙城规划展示馆及博物馆、合肥 53° 广场（奥福时代广场）

周庆华
合肥滨湖东方汇商业综合体；
安徽舒城二中新校区、安徽舒城师范学校新校区

桂汪洋
应流航空工业园

刘存钢
六安职业技术学院双创大楼

姜长征 作品

蒙城图书馆

姜长征 男

硕士生导师、高级工程师

国家一级注册建筑师

中国建筑学会理事

安徽省建筑师学会常务理事

安徽省注册建筑师管理委员会委员

安徽省建筑科学技术委员会委员

安徽省城市规划协会理事

项目位于蒙城县鲲鹏湖北侧，总建筑面积 1.6 万 m²。项目构思来源于书本的叠加，自然形成建筑的体块和空间，通过各种不同空间的组合形成了丰富的建筑效果和感受。2015年设计，2018 年建成。

姜长征 作品

铜陵市人民医院

铜陵市人民医院项目位于铜陵市西湖新区的核心区域，是具有 1000 床规模的三甲医院。

项目总建筑面积 12 万 m²。

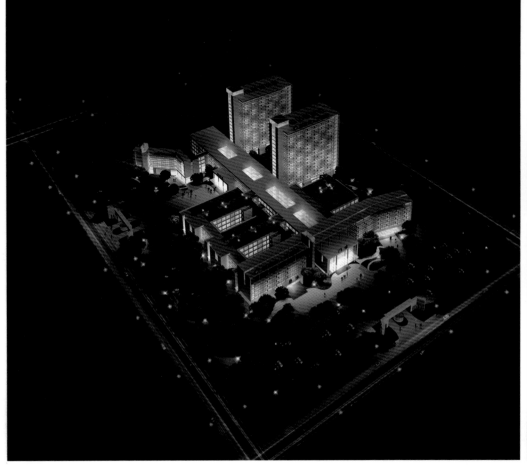

魏 明 作品

安徽建筑大学实验综合楼

魏 明 男

硕士生导师、教授级高级工程师

国家一级注册建筑师

安徽建筑大学建筑设计研究总院有限公司副院长、总建筑师

中国建筑学会会员

安徽省建筑学会理事

安徽省建筑专业委员会委员、资深专家评委

安徽勘察设计协会理事

合肥市规划学会理事

合肥市国土与规划局资深专家

项目位于安徽建筑大学南校区，总用地面积 1.64 hm²，总建筑面积 3.9 万 m²，建筑高度 78 m。2014 年设计，2017 年竣工。获安徽省土木建筑协会公共建筑三等奖。

魏 明 作品

时代传媒广场二期附属楼

项目位于安徽省合肥市政务区，总建筑面积 1.43 万 m²，一期（崔恺院士作品）与 二期功能和风格的结合是该项目难点。2018 年设计，在建设中。

刘仁义 作品

屯溪历史文化街区滨江路改造提升工程

刘仁义 男

教授、硕士生导师

中国城市规划学会历史文化名城学术委员会委员

住建部科学技术委员会历史文化保护与传承

专业委员会委员

安徽省勘察设计协会理事

安徽省文物保护专家

安徽省徽派建筑研究专家

项目恢复重建屯溪老街"屯浦归帆"意向，实施历史文化街区新时代环境综合整治。

总建筑面积约5.3万 m²。

贾尚宏 作品

安徽剧院设计、怀宁县剧院设计、广西艺术学院音乐厅建筑声学设计

贾尚宏 男

教授、硕士生导师
中国民族建筑研究会会员
合肥市规划学会会员

安徽剧院设计项目于 1986 年建成，历经二十多年的使用，其扩声、灯光、舞台机械已陈旧老化，同时建筑声学指标也未能满足规范要求。为此安徽省投入上千万的资金进行改造，改造后的安徽剧院建筑声学完全满足国标 GB/T 50356-2005 的标准。（左三图）

怀宁县剧院设计项目设置有 200 个座位，舞台（长）18 m ×（宽）15 m ×（高）18 m，主要用于黄梅戏的表演与会议。在装饰风格上，强调了徽派元素的运用；在系统设计中，对设备的品牌进行了筛选，基本采用国内外一线产品。最佳混响时间按照国标 GB/T 50356-2005 定为 0.9 s。（右三图）

广西艺术学院音乐厅建筑声学设计项目设置有 420 个座位，平面 26.2 m × 22.5 m，面积 493 m²（人均 1.17 m²），均高 5.43 m，容积 2756 m³，容座比 6.52，属 "微型" 厅。

金乃玲 作品

汤家汇镇红色历史保护规划

金乃玲 女

教授、硕士生导师

中国民族建筑研究会会员

汤家汇历史文化资源分布图

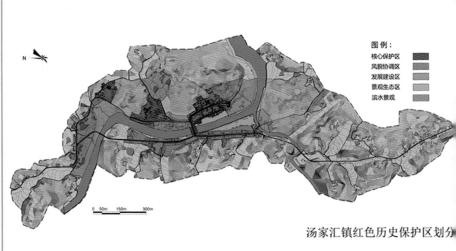

图例：
核心保护区
风貌协调区
发展建设区
景观生态区
滨水景观

汤家汇镇红色历史保护区划分

项目位于安徽省金寨县汤家汇镇，其中包括汤家汇镇老街整治及镇区重要节点整治方案和汤家汇历史文化名镇申报两个部分。

凤元利 作品

蒙城规划展示馆及博物馆

凤元利 男

高级工程师、国家一级注册建筑师

安徽省（首届）青年建筑师奖获奖者

2015 年荣获安徽土木建筑学会建筑创作公共建筑一等奖

蒙城规划展示馆及博物馆项目位于蒙城城南新区，占地约3万 m²，东临庄子大道，南临永兴路，北临仁和路，北面和西面被两条河道环抱，用地西侧、南侧紧临城市公园，建成后将成为具有鲜明历史特点，同时展示新蒙城精神面貌的市民文化生活中心和新的城市核心。

凤元利 作品

合肥 53° 广场（奥福时代广场）

项目位于合肥包河区，项目位置特殊而重要，建筑的形象要围绕高铁站前广场与周围建筑形成整体协调的城市关系，同时要以建筑的造型语言反映"高铁文化"和时代精神。

项目总用地 1.8 万 m²，建筑面积 6.32 万 m²，建筑共 7 层。

周庆华 作品

合肥滨湖东方汇商业综合体

周庆华 男

副教授、硕士生导师

安徽省（第二届）青年建筑师奖获奖者

项目位于合肥市滨湖新区，功能为酒店、商业、办公。项目总用地 2.64 万 m²，总建筑面积 15.8 万 m²。2014 年设计，2018 年建设完成。

周庆华 作品

安徽舒城二中新校区、安徽舒城师范学校新校区

安徽舒城二中新校区

项目位于舒城县。校区总占地面积15 万 m²，建筑总面积 8.9 万 m²。

2013 年设计，2017 年建设完成。

安徽舒城师范学校新校区

项目位于舒城县。总用地面积 2.66 万 m², 总建筑面积 14.5 万 m²。2013 年设计，2017 年建设完成。

桂汪洋 作品

应流航空工业园

桂汪洋 男

讲师

安徽省土木建筑学会会员

项目位于六安市，功能为厂前区办公、会展中心、技术中心、质量中心、接待中心、培训中心等。用地面积约为 26.2 万 m²，总建筑面积约 10 万 m²，项目在实施中。

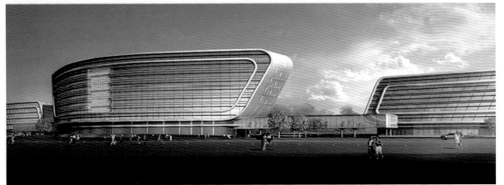

刘存钢 作品

六安职业技术学院双创大楼

刘存钢 男

高级工程师、国家一级注册建筑师

中国建筑学会史学分会会员

安徽省土木建筑学会会员

安徽省雕塑协会理事

安徽省历史文化研究中心副研究员

项目位于六安市金安区，总占地面积 2.4 万 m²。双创大楼是集创新创业中心、校图书中心、校展览中心、科研办公工作室与培训基地用房为一体的综合性大楼。

追德弘毅

To be virtuous,endurant and erudite

博学善建

To be proficient in construction

校友作品

石庆昱
马鞍山大剧院

江立敏
安徽省古生物化石博物馆、中国科学技术大学高新园区、北京十一学校崂山校区

洪绍军
中国银行集团客服中心

卢艳来
宿州市科技馆、档案馆、妇幼儿童活动中心"三馆"工程

戴　亮
亳州市客运北站

张　琦
安徽建筑大学南校区国际学院教学楼

吴前宏
合肥十中新校区

黄安飞
金寨县思源实验学校

韩明清
中国银行黄山培训中心

石庆昰 作品
马鞍山大剧院

石庆昰 男

教授级高级工程师、国家一级注册建筑师
安徽汇华工程科技股份有限公司董事、总建筑师
马鞍山汇华投资公司董事

项目位于马鞍山市市民广场东侧，建筑面积约 2.65 万 m²，2012 年完成并投入使用，获省优秀工程勘察设计一等奖。

江立敏 作品

安徽省古生物化石博物馆

江立敏 男

同济大学建筑设计研究院（集团）有限公司党委副书记、建筑设计四院院长

上海同济开元建筑设计有限公司董事长、总经理

项目位于安徽省文化博物园园区内，功能为博物馆展览建筑。项目总用地面积 2.34 万 m²，总建筑面积 2.65 万 m²。

2007 年设计，2012 年基本建设完成。

江立敏 作品

中国科学技术大学高新园区

项目位于合肥市高新区，规划范围为创新大道、燕子河路、石莲南路和柏堰湾路围合范围。用地面积约为 39 万 m^2，建筑面积为 48 万 m^2。

2017 年设计，2018 年开始建设。

江立敏 作品

北京十一学校崂山校区

北京十一学校崂山校区项目位于青岛市崂山区 CBD 地区，基地面积 5.33 万 m²，总建筑面积 12.59 万 m²，主要用途包括学校教学用房、城市公共停车库和公交车首末站。

设计年份为 2017 年，2018 年建成。

洪绍军 作品

中国银行集团客服中心

洪绍军 男

教授级高级工程师、国家一级注册建筑师

安徽省（第三届）青年建筑师奖获奖者

深圳市建筑设计研究总院有限公司合肥分院常务副院长、总建筑师

项目位于合肥市滨湖新区，功能为中国银行客服后台中心，一期总建筑面积约 10 万 m²，2011 年设计，2016 年建成。项目获第十七届深圳市优秀工程勘察设计公建类三等奖，设计师被授予"中国施工企业管理协会 2016—2017 年度国家优质工程奖突出贡献者"荣誉称号。

卢艳来 作品

宿州市科技馆、档案馆、妇幼儿童活动中心 "三馆" 工程

卢艳来 男

教授级高级工程师
安徽省（首届）青年建筑师奖获奖者
安徽省建筑设计研究总院股份有限公司总院监事、设计四院院长
2016 年安徽省国资委 "538 英才工程" 之高端人才
2017 年安徽省人社厅省学术带头人后备人选

项目设计于 2014 年，总建筑面积 4.29 万 m²。设计的灵感来源于宿州草体书法和国画中飘逸灵动的表达方式，以流线型的建筑语言，动感的形体组合，塑造出三馆遒劲洒脱、如歌似画的建筑形象。三馆合一的规划布局，注重呼应体育馆的城市空间，营造宿州新城兼容并蓄的建筑场所。三馆功能合理高效，通过共享入口灰空间，分设门厅，独立成区，内部工作流线和对外参观培训流线分开，互不干扰。

内院透视

戴亮 作品

亳州市客运北站

戴亮 男

高级工程师

华汇工程设计集团股份有限公司安徽区域中心总经理

项目位于亳州市区北侧，是集客运、公交及出租车零换乘的综合性交通建筑，在设计中大胆采用了 T 字形的空间布局，合理地安排各种交通流线。项目总用地面积 5.3 万 m²，总建筑面积 2.5 万 m²。

项目于 2016 年设计，2018 年底建成。

张琦 作品

安徽建筑大学南校区国际学院教学楼

张琦 男

国家一级注册建筑师、高级工程师

苏州苏大建筑规划设计有限责任公司副总建筑师、合肥分公司院长

安徽建筑大学专业学位硕士研究生校外导师

安徽省综合评标评审专家

徽商建筑环境与节能委员会常委委员

本项目是集教学科研、会议接待、留学生活动等功能于一体的现代综合教学楼，建筑面积 1.5 万 m²。规划空间布局采用"三院一轴一巷"的设计理念，在建筑形式上，采用复合式建筑立面，删繁就简，以幕墙为背景，以铝合金格栅为装饰，描绘出徽州建筑的意象。建筑明快简朴，美观大方，融入徽派建筑元素，体现徽派建筑文化特点，彰显建筑大学文化特色，并与周边环境相融合。

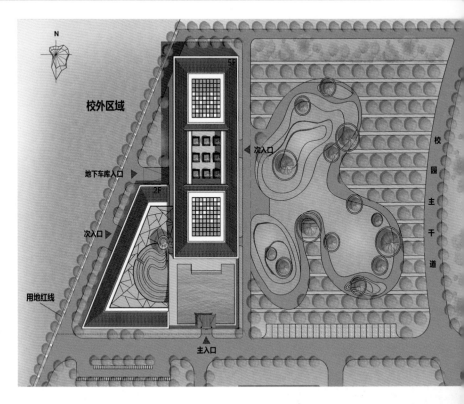

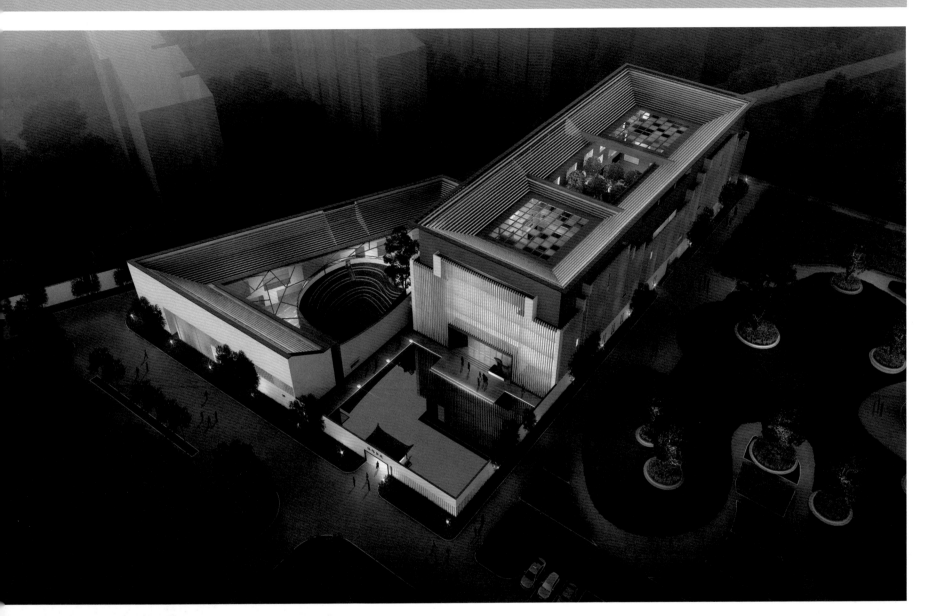

吴前宏 作品

合肥十中新校区

吴前宏 男

安徽省（第二届）青年建筑师奖获奖者

安徽地平线建筑设计事务所股份有限公司总经理

项目位于瑶海龙岗开发区，校区占地面积 14.9 万 m²，总投资 7.8 亿元，总建筑面积为 18 万 m²，为一所全日制寄宿高中学校，2013 年设计，2015 年建设完成。

黄安飞 作品

金寨县思源实验学校

黄安飞 男

高级工程师

安徽省（第三届）青年建筑师奖获奖者

安徽地平线建筑设计事务所股份有限公司第二工作室负责人、研发中心总监

安徽省土木建筑学会副秘书长

因地制宜，利用天然的山体环境资源，将南北建筑群设计成两个不同的标高，并通过不同楼层的连接，将整个建筑群巧妙连接起来。建筑功能分布是个围合的概念，向心性的空间布局，把学生的学习、生活向中心展示，促进互动学习的氛围。围合性的布局，创造了中央广场空间，适合进行各种形式的户外活动。平台花园形成全天候步道系统，将学习区、生活区连接成一体。设计中注重整体园区的开放性、互动性和趣味性。

匠心築境

建筑与规划学院 优秀作品集

韩明清 作品

中国银行黄山培训中心

韩明清 男

任职于中国建筑上海设计研究院有限公司

国家一级注册建筑师

当代中国青年建筑师奖获奖者

项目于2014年设计，2015年建成。该项目总建筑面积约5.9万 m²，其中地上建筑面积约5万 m²，地下建筑面积（包括人防工程、水库、水泵等部门设备用房）约0.8万 m²，主要用于培训中心工作，并兼顾总行培训、大型会议、高层研讨、员工奖励休假、总分行对外业务接待等功能。

匠心築境

建筑与规划学院 优秀作品集

图书在版编目（CIP）数据

匠心筑境 / 王薇主编. — 南京 ： 东南大学出版社，
2021.11
 ISBN 978-7-5641-9667-7

Ⅰ．①匠… Ⅱ．①王… Ⅲ．①建筑设计－作品集－中
国－现代 Ⅳ．①TU206

中国版本图书馆CIP数据核字（2021）第186008号

责任编辑：贺玮玮　责任校对：张万莹
责任印制：周荣虎

书　　名	匠心筑境
	Jiangxin Zhujing

主　　编	王　薇
出版发行	东南大学出版社
社　　址	南京市四牌楼2号（邮编：210096）
网　　址	http://www.seupress.com
印　　刷	南京新世纪联盟印务有限公司
开　　本	850mm×1168mm　1/12
印　　张	16
字　　数	230千字
版　　次	2021年11月第1版
印　　次	2021年11月第1次印刷
书　　号	ISBN 978-7-5641-9667-7
定　　价	198.00元